ゲーム作りで学ぶ

初心者でも「コード」が書ける!

はじめての
プログラミング

小学生・中学生・高校生向け
プログラミングスクールTENTO 竹林 暁 監修 うえはら 著

技術評論社

- **本書をお読みになる前に**

  本書に記載された内容は、情報の提供だけを目的としています。したがって、本書を用いた運用は、必ずお客様自身の責任と判断によって行ってください。これらの情報の運用の結果について、技術評論社および著者はいかなる責任も負いません。

  本書記載の情報は、2019年4月現在のものを掲載していますので、ご利用時には、変更されている場合もあります。

  本書のソフトウェアに関する記述は、特に断りのないかぎり、2019年4月現在での最新バージョンをもとにしています。ソフトウェアはバージョンアップされる場合があり、本書での説明とは機能内容や画面図などが異なってしまうこともあり得ます。本書ご購入の前に、必ずバージョン番号をご確認ください。

  以上の注意事項をご承諾いただいた上で、本書をご利用願います。これらの注意事項をお読みいただかずに、お問い合わせいただいても、技術評論社および著者は対処しかねます。あらかじめ、ご承知おきください。

- 本文中に記載されている製品の名称は、すべて関係各社の商標または登録商標です。本文中に™、®、©は明記していません。

イントロダクション

ねえ、この本を読むと何ができるようになるの？

ゲームが作れるって聞いたよ？

 そのとおり！ この本では、プログラミングを初めて学ぶ君たちもよくわかるように、ゲームを作りながらわかりやすくプログラミングを説明しているよ。

でも……、私でもできるの？ プログラミングって初めてだし、パソコンのキーボードもあんまり触ったことないわ。

 もちろん君にもできる。絵を描くこともできるよ。

へえ、プログラミングで絵が描けるの？ おもしろそうね。

でもそれならScratchでもできるよね。

おお、くわしいね。確かにScratchでもできるよ。ブロックを組み合わせて簡単にできる、Scratchもおもしろいね。

簡単なら私はScratchがいいかな。

Scratchも大人気だし、オススメだ。でもこの本ではScratchではなく、Processing（プロセッシング）っていうものを使うよ。

プロセス……なんですって？ 難しそうなのはイヤだわ。

おっと、ちょっと待って。Processingなら、「コード」を書いて、大人がやってるみたいなプログラミングが簡単にできるぞ。カッコいいと思わない？

全然……。

……カッコいい。すごくカッコいいじゃないか！「コード」ってアルファベットで英語みたいなのを書くヤツでしょ？

そうだよ！ しかも**Python（パイソン）やJavaScript（ジャバスクリプト）よりずっと簡単**なんだよ。

（何言ってるんだかわかんないわ……。）

ふむふむ、よくわからないって顔をしてるね。でもだいじょうぶだよ。

この本でProcessingを使ったプログラミングを学べば、ゲームを作ることももちろんできるし、**世の中で動いているいろんなソフトウェアの作り方の基本がちゃんと学べる**よ。ゲームだけじゃない。スマホアプリもインターネットもAIも、何もかもがだいたいはアルファベットで書いた「コード」で動いている。そういう**基本を一番簡単に学べるのがProcessing**と言っても過言ではないんだ。

先生、説明が長くてよくわからないわ。……まあなんかすごそうな感じはしてきたけど。

いいじゃんいいじゃん、なんだかおもしろそうだ！ すごい「コード」を書いて世の中を変えてやろうっていうボクの野望を実現するときがついに来たってわけか。しかもゲームを作りながらね。さあ、先生、カモン！ とっととプロセスクッキングを始めてくれよ！

プロセッシングよ。

読者のみなさんへ

はじめまして、小学生・中学生・高校生向けプログラミングスクールTENTOの代表の竹林暁です。TENTOを始めて2019年でかれこれ9年になります。TENTOでは、ソフトウェア開発に携わってきた技術者が講師となって、実際に役立つプログラミングを楽しく学習することをモットーに、関東をはじめとした各地でのべ5万人の子どもたちがプログラミングを学んできました。TENTOに在学中にいろんなプログラミングのコンテストで入賞する子もいれば、卒業生にはプログラミングで大学入試に合格した人や、さらには自分で会社をおこした人もいます。

●子どもから大人までプログラミングを学びたい人が増えている

さて、ここ数年、子ども向けのプログラミングに注目が集まっています。子どもだけでなく、学生や一般の社会人にもプログラミングを学びたいという人が増えているようです。人工知能の普及なども進む中、コンピュータやソフトウェアをきちんと理解しておくことの重要性に、世の中の人たちが気づき始めているという側面もあるかと思います。そしてプログラミング教育といえば、なんといってもScratchです。「ビジュアルプログラミング」と呼ばれる、ブロックを使ったプログラミングができるScratchは、プログラミングスクールでも大変人気が高く、もちろん私たちTENTOでも、Scratchを教えています。TENTOではScratchの本も出しており、たくさんの人に読んでもらっています。

しかしTENTOでは、Scratchを学んでいる子どもたちは全体の4割くらいです。ほかの子どもたちは、Scratchではできないものを作るため、またはもっと難しいプログラミングを学ぼうとして、「テキストプログラミング」と呼ばれる、文字を使ってプログラミングする言語にチャレンジしています。たとえばJavaやPythonやJavaScript、Processingのような言語ですね。実はテキストプログラミングに入った子どもたちの7割くらいは今回この本で紹介するProcessingを使ってプログラミングを学んでいるのです。これは私たちTENTOが最初に学ぶテキストプログラミングとしてProcessingを推奨しているからでもあります。この本の初めに、なぜそれほどProcessingを私たちがオススメしているのか少しお話をさせてください。

●なぜProcessingがオススメなの？

TENTOを始めたころは、Scratchの次に学ぶ言語として、子どもたちにはJavaScriptを勧めてきました。JavaScriptはパソコンやスマホなど、どこでも動くとても実用的な言語です。ただし、JavaScriptを実行するにはHTMLというほかの言語を一緒に書かなければなりません。たとえば絵を動かすだけでもおまじないのようなHTMLを別に何行も書く必要があります。大人は「まあそういうものか」と納得してJavaScriptを学習してくれるけれど、子どもはそうはいかないことがだんだんわかってきました。

JavaScript以外にもJavaやPython、Rubyなど学習用に使われている言語はたくさんありますが、どれもJavaScriptと同じで、「絵を動かすため」にたくさんのおまじないが必要とされます。そのために子どもたちにとって最初のハードルはかなり高いものになってしまっています。

逆に、そのハードルをゲームの魅力で乗り越えてもらおう！　という発想のもとにTENTO

で取り組んできたのがMinecraft　です。プログラミングで建物を作れるというのは強烈なモチベーションとなります。しかし、Minecraftの世界は非常に複雑で、プログラミングを楽しめるようになるためにはMinecraft自体をよく知る必要があります。やはりプログラミングまでの道のりは長かったのです。

　そして私たちがたどりついたのがProcessingです。もともと「メディアアート」という文脈で美術系の大学で教育用に使われていることが多かったProcessingですが、最近ではTENTO以外でも、子ども向けプログラミング教育で利用する例もよく耳にするようになってきています。私たちがいち早くProcessingを利用しようと決めたのは、まさに「おまじないが必要ない」という点に尽きます。Processingは、簡単に言うとビジュアル表現に特化したJavaです。Processingはビジュアル表現が得意なので、絵を動かそうと思ったら絵を動かすコードを書くだけでよく、ほかの意味のわからないコードは書かなくてもいいのです。そのくせJavaの仲間ですから「オブジェクト指向」などの本格的なプログラミングの要素もたくさんもっています。子どもたちにとっては、2Dや3Dのゲームを簡単に作れることも人気の理由です。

● 著者の紹介

　さて、第1章からの解説を執筆したのは、TENTOで講師を務めるうえはらさんです。うえはらさんについても紹介しましょう。

　うえはらさんは、自分で考えたWebサービスを形にするために、大学生のときに独学でプログラミングを始めたそうです。実践と学習を同時に行い、作り上げたWebサービスは月間10万回のアクセスを達成しました。

　その後、インターネットプロバイダへの就職、携帯ゲームのプランナーとプログラマを経験し、現在は独立してUnityを用いたスマートフォンゲームの企画開発を行っています。

　TENTOには2016年より講師として参画し、Processingを使ったゲームプログラミングを主に教えています。うえはらさん自身がそうであったように、実践しながら学習することをモットーに、子どもたちのゲーム開発を、企画からサポートしています。

● 本書について

　本書は、Processingを使ってプログラミングを一から学ぶための本です。Processingだけでなく、プログラミングを初めて学ぶ初心者を対象にしています。小学生、中学生から、高校生、大学生、社会人まで、読者の年齢はいっさい問いません。Procesingを使ってコードを書き、プログラムを実行することで、プログラミングの基本となる文法に始まり、配列やクラスといったしくみまでを学び、ゲームを完成させていきます。本書をひととおり読むことで、オリジナルのゲームを作ることができるようになります。

　第1章では、Processingでプログラミングするための準備を行います。
　第2章では、Processingが得意とする図形を描く方法を学びます。
　第3章と第4章では、「変数」をはじめ、プログラミングの基本的な文法を学んでいきます。第3章、第4章はとても重要です。この2つの章をマスターするだけでオリジナルのゲームが作れるようになります。第4章の最後には、間違い探しゲームを作ります。

第5章では、多くの情報を扱うための「**配列**」を学び、簡単な**アクションゲーム**を作ります。
　第6章では、「**クラス**」と「**オブジェクト**」を学びます。クラスを使うことでプログラミングが楽になり、より本格的なことができるようになります。最後に**シューティングゲーム**を作ります。
　第7章では、復習と実践として、**ドローンを操作するアクションゲーム**を作っていきます。
　本書で作成したプログラムは、Webサイトからダウンロードできます（12ページを見てください）。プログラムが動かない場合は、完成形のプログラムをダウンロードして動かして、自分の作ったプログラムの間違いを探してみましょう。トライアル＆エラーを繰り返すことが、実はプログラミングを学ぶうえでとても重要なことになります。
　本書では小学校高学年以上で習う漢字にふりがなを付けました。またプログラムに出てくる英語の単語の意味はそれぞれ、欄外に **意味は** として注記を入れています。TENTOでは小学校高学年でProcessingに取り組む子どもたちがたくさんいます。中学年でも、Scratchなどをある程度学んだあとに、Processingを学ぶ子どもも多いです。英語の説明が不要であればそのまま読み進めてください。プログラミングについて知らない言葉がたくさん出てきますので、その点は大人でも子どもでも理解に時間がかかるかもしれませんが、あわてずに試しながら学んでいきましょう。

●本書の読み進め方

　本書では、Processingを実際に使いながら読み進められるようにしています。基本的なプログラムを繰り返し書きながら知識として定着できるように解説しました。変数、配列、クラス、オブジェクトなど、新しい知識がどんどん登場します。特にクラスやオブジェクトなどは、ソフトウェア開発者でも初めから簡単に使いこなせるものではないので、試しながら繰り返し学ぶとよいでしょう。また、この本の内容をすべて理解していなくてもプログラミングはできます。

●小学生のお子さんが本書を読む場合

　プログラムの中では、数値がマイナスになるような、小学校では習わない考え方も一部に出てきます。本書ではこれらを何の目的でどのように使うかについて説明をしていますが、詳しい解説まではしていません。ただし実際にプログラムの中で使うと、すんなり理解できることが多いです。

●楽しみながら学ぼう！

　さて、説明したように本書は、プログラミング初心者を対象とした本ではありますが、プログラミングでよく使われる「**変数**」はもちろん、「**配列**」さらには「**クラス**」などのしくみも取り上げています。これらはプログラミングに欠かすことのできないものですが、とりわけ子どもたちがつまずきやすいところです。しかし、本書でProcessingを学ぶと、自然な形でそういう考え方が出てくるので理解しやすいはずです。本書を手に取ったみなさんが、**プログラミングを楽しみながら学んでくれること**を願っています！

2019年4月　株式会社TENTO 代表 竹林 暁

初心者でも「コード」が書ける！ゲーム作りで学ぶ　はじめてのプログラミング

イントロダクション ……………………………………………………………… iii

第1章 Processingでプログラミングを始めよう！ …………………………… 1

1-1 なぜプログラミングをするの？ …………………………………… 2
プログラミングは「道具」　2
本書の目的　2

1-2 「Processingがオススメ！」の理由 …………………………… 3
プログラミング言語とは？　3
なぜProcessingがオススメなの？　4

1-3 Processingを始めよう！ ………………………………………… 6
Processingの実行環境　6
Processingをダウンロードしよう　6
Processingをインストールしよう　8
Processingを起動しよう　10

第2章 Processingで図形を描こう …………………………………………… 13

2-1 「こんにちは、世界」〜Processingの世界にようこそ ………… 14
Hello Worldとは？　14
プログラムのコードを入力しよう　14
「Hello World」プログラムを実行しよう　15

| 2-2 | **画面のサイズと座標を理解しよう** ……………………… 17

画面のサイズを指定する　17

画面の座標を理解しよう　19

| 2-3 | **いろいろな図形を描こう** …………………………………… 23

線を描こう　23

四角形を描こう　25

円を描こう　27

三角形を描こう　30

| 2-4 | **図形に色をつけよう** ………………………………………… 33

図形を黒く塗りつぶしてみよう　33

光の三原色を使って色をつけよう　35

カラーコードを使って色をつけよう　39

画面の背景の色を指定しよう　40

| 2-5 | 課題 **図形を組み合わせてクマを描いてみよう** ………… 43

図形を組み合わせてクマを描く　43

クマの顔の輪郭を描く　43

クマの耳を描く　44

クマの手を描く　46

クマの目を描く　47

クマの口周りを描く　48

クマの鼻を描く　49

第3章 Processingプログラミングの基本
―関数、変数、画像表示、乱数 …………… 51

| 3-1 | **絵を動かすために必要な setup関数とdraw関数を作ろう** ……………………… 52

まず関数とは何かを理解しよう　52

x

マウスの位置に四角形を表示するプログラムを作ろう　53

setup関数とdraw関数の役割を知ろう　54

setup関数とdraw関数を書いてみよう　56

setup関数とdraw関数を書くときの注意点　57

3-2 「変数」とは何かを理解しよう　59

変数＝名前付きの箱　59

自動で右に移動する四角形を表示するプログラムを作ろう　60

変数の宣言方法を理解しよう　63

1つの四角形が自動で右に移動するプログラムを作ろう　65

マウスの位置に四角形がついてくるプログラムを作ろう　66

draw関数の実行回数をカウントしよう　67

算術演算子を利用しよう　68

3-3 画像を画面に表示しよう　71

まずは画像を準備しよう　71

耳の長いネコの画像を表示しよう　71

耳の長いネコの画像がマウスについてくるプログラムを作ろう　74

3-4 「乱数」を使って画面の表示を変化させよう　75

なぜ乱数を利用するのか　75

実行のたびに色が変わる円を表示するプログラムを作ろう　76

値を返す関数と値を返さない関数　78

実行のたびに色がカラフルに変わる円を表示するプログラムを作ろう　78

クリックするたびに円の色がランダムに変化するプログラムを作ろう　80

初心者あるある問題〜変数のスコープ　82

3-5 課題 マウスにクマの絵がついてくるプログラムを作ろう　85

クマの絵を動かすためのヒント　85

setup関数とdraw関数を使う　85
変数を使って座標を指定する　87
クマの絵の表示位置を調整する　88

第4章 Processingプログラミングの基本
──条件分岐、繰り返し　91

4-1　条件分岐を理解しよう　92
if～もし○○なら□□をする　92
比較演算子を使って条件式を書く　94
左右に動く円を描くプログラムを作ろう　96
キーボードで円を動かすプログラムを作ろう　100

4-2　画像のアニメーションを作ろう　106
アニメーションの基本と画像の準備　106
ネコが歩くアニメーションを作ろう　106
ネコが自然に歩くようにアニメーションを修正しよう　108

4-3　条件分岐を使って「当たり判定」を行おう　111
「画面がクリックされたら」～当たり判定　111
マウスを四角形の上に置いたら色が変わるプログラムを作ろう　111

4-4　繰り返し処理を理解しよう　114
四角形を60個並べるプログラムを作ろう　114
for～条件を満たす間処理を繰り返す　115
複数の四角形がいっせいに動くプログラムを作ろう　116

4-5　関数を自分で定義しよう　118
関数について今まで学んできたこと　118
オリジナルの関数を作ろう　118

4-6　まとめチュートリアル　間違い探しゲームを作ろう　121
間違い探しゲームを作ろう　121

① setup関数とdraw関数を書こう　122

② まずは黒い四角形を1つ描こう　122

③ 黒い四角形を横に5個並べよう　124

④ 繰り返し処理を使って黒い四角形を横に5個並べよう　125

⑤ 今度は黒い四角形を縦に5個並べよう　126

⑥ 横5×縦5＝25個の四角形を描こう〜その1　127

⑦ 横5×縦5＝25個の四角形を描こう〜その2　128

⑧ 四角形の色をランダムに変更しよう　129

⑨ 1個目の四角形だけ色を変えよう　131

⑩ 色が変わる四角形をランダムに変更する　133

⑪ クリックされるたびに色が違う四角形が変わるようにしよう　135

⑫ 関数を作って同じ処理を1つにまとめよう　136

⑬ 正解の四角形をクリックできるようにしよう　137

⑭ スコアを表示しよう　138

⑮ 間違い探しゲームの完成！　140

⑯ カスタマイズしてみよう　141

第5章 配列と繰り返し処理でさまざまな表現を作ろう　143

5-1 配列とは何かを理解しよう　144

まずは配列を体験してみよう　144

配列の宣言方法を理解しよう　148

配列の要素を個別に操作しよう　148

初心者あるある問題〜配列の添字　150

5-2 配列を使ってさまざまな表現を作ろう　152

雨を降らせるプログラムを作ろう　152

雪を降らせるプログラムを作ろう　156

宇宙を表現するプログラムを作ろう　158

5-3　配列を使ってアクションゲームを作ろう ……………… 163

アクションゲームを作ろう　163

①setup関数とdraw関数を書こう　163

②プレイヤーとなる白の球体を動かそう　164

③敵となる球体を表示しよう　165

④敵の球体を1体ずつ出現させてみよう　167

⑤敵のスピード、サイズ、色をランダムにしよう　169

⑥当たり判定を作ろう　171

⑦敵が自動で出現するようにしよう　174

⑧敵とぶつかったときの処理を修正しよう　178

⑨ゲームオーバーの処理を作ろう　180

⑩スタート画面を作成しよう　182

第6章 クラスとオブジェクトを活用しよう　185

6-1　クラスを理解しよう ……………………………………… 186

「モノ」を表すオブジェクトに値をまとめよう　186

クラスを定義しよう　187

オブジェクトを生成して利用しよう　188

6-2　配列と一緒にクラスとオブジェクトを使ってみよう …… 191

風船が上昇するプログラムを作ろう　191

配列と一緒に使って風船をたくさん表示するプログラムを作ろう　193

6-3　クラスとオブジェクトを使ってシューティングゲームを作ろう ……………………………………………………… 197

シューティングゲームを作ろう　197

①setup関数とdraw関数を書こう　197

②自機となるプレイヤーを仮表示しよう　198
③プレイヤーを動かそう　199
④プレイヤーの動きをスムーズにしよう　200
⑤敵機を作ろう　202
⑥自機と敵機に共通するクラスを作ろう　203
⑦自機を戦闘機の画像にしよう　205
⑧自機の戦闘機をアニメーションにしよう　206
⑨敵機の戦闘機をアニメーションにしよう　209
⑩配列でアニメーションを管理しよう　211
⑪戦闘機が弾丸を発射できるようにしよう　213
⑫戦闘機がたくさんの弾丸を発射できるようにしよう　217
⑬当たり判定を作ろう　220
⑭isHit関数を使って弾丸が敵に衝突したかを判定しよう　224
⑮弾丸を遮る壁を作ろう　225
⑯弾丸が壁に跳ね返るようにしよう　228
⑰弾丸とプレイヤーが当たるようにしよう　230
⑱敵機が動くようにしよう　231
⑲壁にしかけを加えよう　233
⑳ゲームクリアとゲームオーバーを作ろう　234
㉑ゲームの演出を強化しよう　237

第7章 総まとめ ドローンを操作するアクションゲームを作ろう　239

7-1 プレイヤーが操作するドローンの画像を表示しよう　240

アクションゲームを作ろう　240
①setup関数とdraw関数を書こう　240
②ドローンの画像を表示しよう　241

7-2 キーを押してドローンを動かしてみよう……243
③プレイヤーを表すクラスを作ろう　243

④Playerクラスを使ってドローンを表示しよう　243

⑤ドローンが上昇、下降、横に移動するようにしよう　245

7-3 安全ブロック、危険ブロック、ゴールブロックを作ろう……250
⑥ブロックを表すクラスを作ろう　250

⑦Blockクラスを使って安全ブロックを表示しよう　250

⑧衝突を判定するisHit関数を作ろう　252

⑨ドローンがブロックの上に着地するようにしよう　254

⑩危険ブロックとゴールブロックを作ろう　256

7-4 縦と横に画面をスクロールする「カメラ」を作ろう……260
⑪カメラを表すクラスを作ろう　260

⑫カメラからの位置を計算して座標に変換する関数を作ろう　260

⑬カメラの移動範囲を制御しよう　262

7-5 ゲームクリアを作ってゲームを完成させよう……266
⑭ゲームクリアを作ろう　266

⑮自分だけのオリジナルステージを作ろう　267

⑯見た目を整えて完成させよう　270

おわりに……273

付録：関数一覧……275

索引……278

第1章 Processingでプログラミングを始めよう！

さて、ではさっそくProcessing(プロセッシング)を使ったレッスンの始まりだ。

で、何からやればいいの？

初めにProcessingについてもう少し説明しておくよ。

面倒(めんどう)なことはなるべく少なくしてほしいわ。

とりあえず、とっとと始めたいもんね。

だいじょうぶ。用意が簡単(かんたん)なのがProcessingのいいところなんだ。それでは始めるとしようか。

1-1 なぜプログラミングをするの？
1-2 「Processingがオススメ！」の理由
1-3 Processingを始めよう！

1-1 なぜプログラミングをするの？

みなさんはなぜプログラミングをしようと思ったのでしょうか。

プログラミングは「道具」

みなさんはどうしてプログラミングに興味を持ったのでしょうか。

小学生、中学生であれば、「なんとなくかっこいい」「アニメーションを作ってみたい」「ゲームを作ってみたい」などでしょうか。高校生、大学生であれば、「将来役に立ちそう」という人もいるかもしれません。大人であれば、「趣味で何かを作ってみたい」「仕事にプログラミングの知識を役立てたい」という人や、保護者であれば、「将来を考えて子どもにプログラミングを学ばせてみたい」「子どもが興味をもっている」という人もいるかと思います。

みなさんに最初に言っておきたいこと、忘れてほしくないことは、
「プログラミングは道具だ」
ということです。

みなさんが作りたいもの、やりたいことを実現するための道具としてプログラミングが存在します。プログラミングすること自体を目的にする必要はありません。また、プログラミングが苦手だとしても、作りたいものを作れる程度に理解できればいいのです。肩の力を抜いて、できる範囲で作れるものを作っていけばよいのです。繰り返し作品を作ることで、自然とプログラミングが得意になっていきます。

本書の目的

本書の目的は、読んでくれた人が全員プログラマになることではありません。みなさんに作品作りのヒントを与えながら作品の作り方を教えることです。この本のすべてを理解できなくてもOKです。わかった範囲でかまいませんので、ぜひ自分だけの作品を作ってください。

1-2
「Processingがオススメ！」の理由

ここでは、プログラミング言語とは何か、そしてProcessingをお勧めする理由を簡単に説明します。

プログラミング言語とは？

コンピュータで何かを行うには、コンピュータに指示を出す**プログラム**を作る必要があります。プログラムを作るために必要となるのが**プログラミング言語**です。

プログラミング言語にはさまざまなものがあります。

たとえば、Scratchは、コンピュータへの指示を書いたカラフルなブロックを組み合わせてプログラムを作ります。このようなプログラミング言語を**ビジュアル言語**といいます。

一方、「`int i = 10;`」のように、コンピュータへの指示を1行ずつコードで書くものを**テキスト言語**といいます。JavaやPython、そして本書で学ぶ**Processing**も、テキスト言語です。

図1-2-1

ビジュアル言語	テキスト言語
	```void keyPressed(){ if(keyCode == RIGHT){ println("右へ進め！"); x += 10; }}```
カラフルなブロックなどを使ってプログラムを作るScratchなど	命令を1行ずつ書いてプログラムを作るJava、Pythonなど

プログラミング言語にはさまざまなものがあるよ

なぜProcessingがオススメなの？

●英語やタイピングが苦手でもOK

　Processingはテキスト言語の一種で、英語をベースとした命令文を使ってプログラムを作成します。でも、「英語ができないとプログラミングができないのでは」などと心配する必要はありません。英語がわからなくても、気にしなくてだいじょうぶです。

　また、キーボードの操作やタイピングが苦手という人がいるかもしれませんが、これも気にしなくてOKです。本書に掲載したプログラムのコードを、まねをして1行ずつ書いていけば、自然に少しずつキーボードの操作やタイピングがうまくなるはずです。もちろん最初は時間がかかると思いますが、自然に慣れるのでキーボード操作の練習などはしなくてもかまいません。

> **ポイント**
> 本書では、英語の単語の意味はこの欄外で説明しています。

●Javaよりやさしく、本格的なプログラミングが可能

　Processingは、世界で一番利用者数が多いJavaをもとに作られたプログラミング言語です。Javaよりもやさしく、初心者でもわかりやすい言語ですが、Javaのように本格的なプログラミングも可能です。Processingでプログラムを作ることで、本格的なプログラミングのスキルを身に付けることができます。

　また、オープンソースソフトウェアであり、無償で利用できます。

> **ポイント**
> Javaはオブジェクト指向言語であり、Javaをもとに作られたProcessingもまたオブジェクト指向言語です。そのため、複雑なプログラムを作るために、クラスとオブジェクト（第6章を見てください）を利用できます。

●絵やアニメの作成が簡単

　Processingは、ビジュアルなアートをプログラミングするために開発された言語です。そのため、2Dや3Dの図形を描く、さまざまな色を使う、マウスやキーボードで画像を動かすなど、ビジュアルなプログラムを作成するための機能を数多く備えています。プログラミングの初心者でも、絵を描いたり、アニメーションを作ったりといったプログラムを簡単に作成することができます。

> **注意**
> オープンソースソフトウェアとは、ソースコードを公開し、誰でも使えるようにしたソフトウェアのことです。一定の条件（ライセンス）のもと、無償でお金を払わずに利用できるほか、ソースコードを改変して新しいソフトウェアを作成して配布したりすることができます。

●プログラムの作成と実行が簡単

　Processingでは、Processingエディタにコードを入力し、再生するだけで、プログラムをすぐに実行できます。Processingエディタは、Processingをダウンロードしてインストールするだけですぐに利用可能です。難しい設定は必要ありません。

> **参照**
> Processingエディタについては、11ページを見てください。

●JavaScriptへの変換が可能

　Processingは、プログラムをJavaScriptに変換するプログラムと

4

して「Processing.js」を用意しています。
　このプログラムを使えば、Webブラウザで動作するゲームなどが作れるようになります。
　本書ではJavaScriptへの変換は扱いませんが、興味があれば、作成したゲームをJavaScriptに変換して、スマートフォンなどで動作するようにしてもおもしろいでしょう。

ポイント
JavaScriptは、Webブラウザで動作するアプリケーションの開発に使われるプログラミング言語で、とても人気があります。

●急がば回れ

　Processingにはあまりクセがなく、ほかのプログラミング言語を学習しようとしたときにもProcessingで学んだことを活かせます。
　たとえば、Pythonを学習したいとき、最初にProcessingを学習しておいても損はありません。
　Processingはクセがなく、さらに初心者でもわかりやすいプログラミング言語なので、ほかの言語を学習したいときにも遠回りにはならず、むしろ近道になるかもしれません。

ポイント
Pythonは、人工知能を使ったデータ分析によく使われ、最近人気が急上昇しています。

図1-2-2

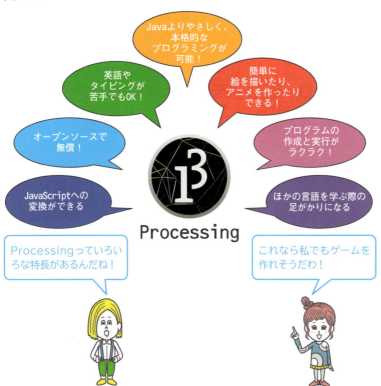

　本書では、Processingでプログラムを作りながら、本格的なプログラミングを学習していきます。Processingをマスターすれば、**ほかのプログラミング言語を学習したときにもその理解が早くなります**。ぜひ、がんばってください！

1-3

Processingを始めよう！

Processingでプログラミングを始めるために、Processingをダウンロードし、インストールして、プログラミングを行う環境を準備しましょう。

Processingの実行環境

Processingは、Windows、Linux、macOSにインストールして実行することができます。本書では、次の環境でProcessingを実行し、プログラムを作成するものとします。

- **Windows 10 Home**（64ビット）
- **Processing 3.5.3**（2019年2月3日版）

注意
Processingエディタの操作方法は、Windowsのほかのバージョンや、Linux、macOSの場合でも同じです。

Processingをダウンロードしよう

Processingは、無償でダウンロードして利用することができます。

最初にWebブラウザを使って**ProcessingのWebサイト**にアクセスしましょう。Webブラウザのアドレス欄に次のURLを入力してください。

🔗 **https://processing.org/**

ProcessingのWebサイトが表示されます。左上の**「Download」**をクリックします。

注意
本書ではWebブラウザとしてChromeを利用していますが、Microsoft EdgeやSafariなどほかのブラウザを利用することもできます。

図1-3-1

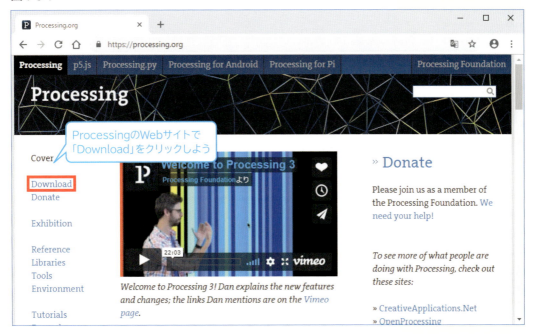

ダウンロードページが表示されます。「Windows 64-bit」をクリックします。

図1-3-2

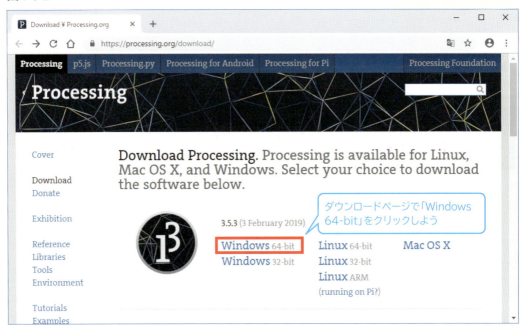

ダウンロードが始まります。

図 1-3-3

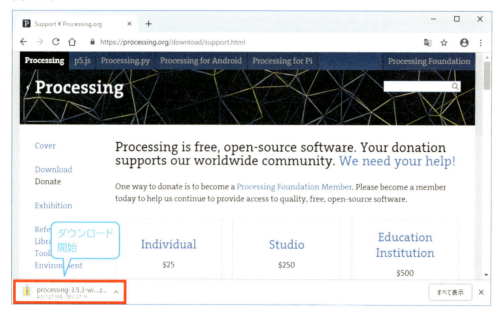

Processingをインストールしよう

　ダウンロードが終わったら、ダウンロードファイルの右にある ˅ を右クリックして［フォルダを開く］を選び、［ダウンロード］フォルダを開きます。

図 1-3-4

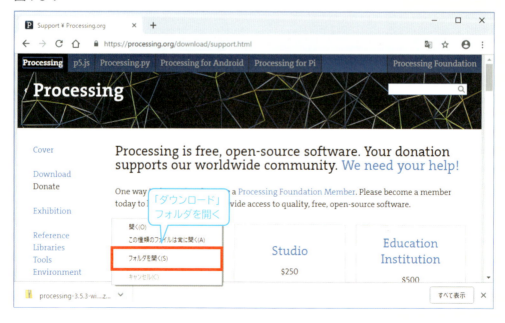

「ダウンロード」フォルダには、**processing-x.x.x-windows64.zip**（x.x.x は Processing のバージョン）がダウンロードされています。これは、Processing の実行に必要なファイルをまとめたファイルです。これを自分の好きなフォルダに展開することで、Processing をインストールします。

　processing-x.x.x-windows64.zip を右クリックし、**[すべて展開]** を選びます。

図 1-3-5

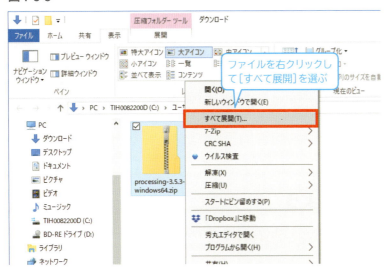

> **注意**
> ダウンロードしたファイルの名前は、Processing のバージョンによって変わります。本書では、Processing 3.5.3 を利用しているため、ファイル名は processing-3.5.3-windows64.zip になります。

　表示されたダイアログボックスで、**[ファイルを下のフォルダーに展開する]** に **「C:¥」** と入力し、**[完了時に展開されたファイルを表示する]** にチェックを入れ、[展開] ボタンをクリックします。

> **注意**
> 本書では展開先を「C:¥」にしていますが、ほかのフォルダを指定してもかまいません。

図 1-3-6

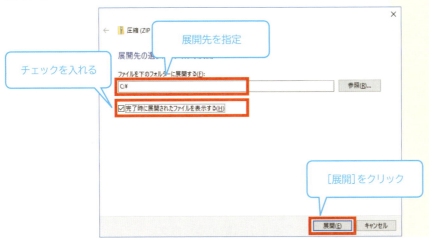

展開が終わると、C:¥の下に「processing-x.x.x」(x.x.xはProcessingのバージョン) フォルダが作成されます。「processing-x.x.x」フォルダ内に、Processingとその関連ファイルがあることを確認したら、インストールは終わりです。

図1-3-7

フォルダが作成され、関連ファイルが展開される

Processingを起動しよう

「processing-x.x.x」フォルダ内の **processing.exe** をダブルクリックしましょう。

図1-3-8

processing.exeをダブルクリック

Processingが起動すると、**Processingエディタ**が表示されます。[Welcome to Processing 3] ダイアログボックスが表示された場合は、[Show this message on startup]（起動時にこのメッセージを表示する）のチェックを外し、[Get Started]（始める）ボタン

をクリックしてください。

図1-3-9

Processingエディタでは、コードを入力して実行できます。

図1-3-10

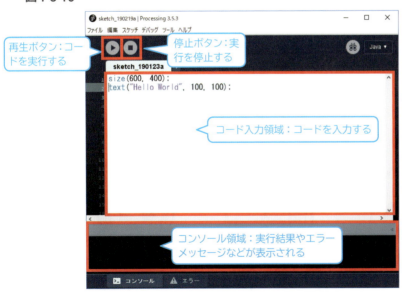

Prosseingエディタのコード入力領域(りょういき)は、入力する文字のフォントが「Source Code Pro(ソース コード プロ)」に設定されています。このフォントは日本語に対応していないため、日本語が文字化けしてしまいます。

日本語を表示できるフォントに変更しましょう。[ファイル] メニューの[設定] を選択し、[エディタとコンソールのフォント] のドロップダウンリストでフォントを選択して、[OK] ボタンをクリックします。なお、本書では「MSゴシック」を使っています。
　これで準備ができました。さあ、Processingでプログラミングを始めましょう！

本書で使用するスケッチ（Processingプログラム）と画像ファイルのダウンロード

　Processingでは、Processingエディタにコードを入力してプログラムを作成します。作成したプログラムは、Processingエディタの[ファイル] メニューの[保存] を選択して保存することができます。保存したProcessingプログラムのことを**スケッチ**といいます。
　本書で作成するスケッチおよびプログラムで使用する画像ファイルは、次のURLからダウンロードすることができます。

🔗 https://gihyo.jp/book/2019/978-4-297-10579-2/support

　ダウンロードしたスケッチは、Processingエディタで[ファイル] メニューの[開く] で開き、実行することができます。

第2章 Processingで図形を描こう

いよいよProcessingを使ってみるよ！

ついに始まるぞ！ 楽しみだな。

何を作るの？

コードを書いて、文字や図形を表示するところから始めるよ。

いきなりそんなプログラム書けるかな。

ちょっと難(むずか)しそうね。

だいじょうぶ。「習(な)うより慣れろ」だね！ 繰(く)り返し学習すれば絶対(ぜったい)にできるようになるよ！

2-1 「こんにちは、世界」〜 Processingの世界にようこそ

2-2 画面のサイズと座標を理解しよう

2-3 いろいろな図形を描こう

2-4 図形に色をつけよう

2-5 課題 図形を組み合わせてクマを描いてみよう

2-1
「こんにちは、世界」
〜Processingの世界にようこそ

さあ、まずは初めの一歩です。プログラミングの世界では、最初は「Hello World」を表示するのがお約束です！

Hello Worldとは？

「Hello World」とは、画面に「Hello World」という文字列を表示する初歩プログラミングのことです。プログラマは新しいプログラミング言語を学ぶときには、「お約束」として試しにこの「Hello World」を表示させるプログラムから始めます。

意味は
言うまでもなく、Helloは日本語では「こんにちは」、Worldは「世界」という意味です。

注意
プログラムを組むことを仕事にしている人のことを「プログラマ」と言います。

プログラムのコードを入力しよう

さあ、「Hello World」を画面に表示してみましょう！
Processingを起動し、次のプログラムコードをProcessingエディタに入力してみてください。文字が入力できる、白いエリア（図2-1-2）にプログラムのコードを入力します。

リスト2-1-1
```
size(600, 400);
text("Hello World", 100, 100);
```

キーボードの操作に慣れていないと、入力するのが大変かもしれません。
キーボードの操作に慣れる意味でも、プログラミングに慣れる意味でも、面倒くさがらずにしっかり入力していきましょう。
カッコやダブルクォーテーションなどの記号は、SHIFTキーを押しながら数字キーを押して入力します。

- **(** （左カッコ）：SHIFT + 8
- **)** （右カッコ）：SHIFT + 9

注意
これから入力するプログラムはすべて、半角で入力します。全角で入力するとエラーになるので、くれぐれも注意しましょう。「(」「)」や「"」「,」「;」もすべて半角です。図2-1-1のキーボードの場合、左上の半/全キーにより全角と半角を切り替えることができます。

- **"**（ダブルクォーテーション）：SHIFT ＋ 2

図 2-1-1

「Hello World」プログラムを実行しよう

入力したコードを確認しましょう。

図 2-1-2

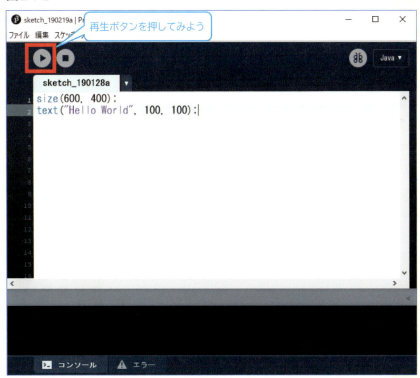

　入力できたら、再生ボタンを押してみましょう。再生ボタンを押すと、プログラムを実行できます。

　実行すると、次のような画面が表示されます。

図 2-1-3

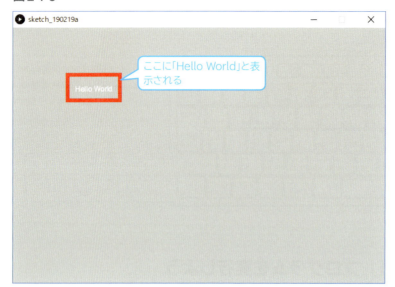

> **注意**
> 再生ボタンの右にある停止ボタンを押すと、プログラムの実行が終了し、画面の表示が消えます。

画面に、「Hello World」と表示されましたか？
おめでとう！ あなたの最初のプログラムが完成しました！

まとめ

　本節では、Processingによるプログラミングの第一歩として、「Hello World」プログラムを作成しました。どのようにプログラムのコードを入力するか、入力したプログラムをどのように実行するかがわかったと思います。
　続いて、「Hello World」プログラムに書いたコードの意味を学習しましょう。

> 最初のプログラムを作成できたよ！
> その意味を学んでいこう！

2-2 画面のサイズと座標を理解しよう

最初に2行のコードからなるプログラムを作成しました。このプログラムのコードがどのような意味か、順番に見ていきましょう！

画面のサイズを指定する

リスト2-1-1の1行目を見てください。

```
size(600, 400);
```

まず目につくのが、600や400という数値です。
これを変更するとどうなるでしょうか。
たとえば、次のように変更してみましょう。

```
size(800, 400);
```

再生ボタンを押して実行すると、画面の横幅が大きくなりました。

参照 16ページの図2-1-3と比較してみましょう。

図2-2-1

では、次のように変更してみるとどうでしょうか。

```
size(600, 600);
```

今度は縦幅が大きくなりました！

図 2-2-2

画面の縦幅が大きくなった！

> 参照
> 16ページの図2-1-3と比較してみましょう。

　もうわかったかと思いますが、これらの数値は画面のサイズを指定するものです。
　では、数値の前に書いてある **size** とは何でしょうか。横幅と縦幅を指定すると画面のサイズが変わることから、size は **画面のサイズを決定する命令** であることが想像できたと思います。

> 意味は
> sizeは、日本語では「大きさ」「サイズ」という意味です。

書式
size(横幅, 縦幅);
役割
　画面のサイズを指定する。
引数
　横幅：画面の横幅
　縦幅：画面の縦幅

> ポイント
> sizeなどの命令を関数といいます。関数は、書式に沿って呼び出すことで、特定の処理を実行できます。

> 参照
> 関数と引数については、52ページで説明します。ここでは、そういうものだと思ってもらえればだいじょうぶです。

　size のように、Processing ではたくさんの命令を利用できます。

しかし、これらをいちいち覚える必要はありません。

　プログラム中で使う命令は、**size**のようにどのようなことを行うかを示す名前が付けられています。また、ここで行ったように数値を変更したときに画面がどのように変化したかによっても、その命令がどのようなものかを想像することが可能です。

　もちろん、忘れてしまった命令はあとから調べればよいのです。学校のようにテストがあるわけではないので、暗記しておく必要はありません。

　プログラムをいろいろ書いて、実行させていくうちに、変化を観察しながら興味を持って学習していきましょう！

画面の座標を理解しよう

　リスト2-1-1の1行目に書いた**size**は、画面のサイズを決定する命令であることがわかりました。

　では、今度は2行目を見ていきましょう。

```
text("Hello World", 100, 100);
```

　textはどういう命令でしょうか。さあ、想像してみてください。

　では、「"Hello World"」を「"Good morning"」に変えて実行してみましょう。

```
text("Good morning", 100, 100);
```

意味は

textは、日本語では「本文」「テキスト」などの意味です。

図**2-2-3**

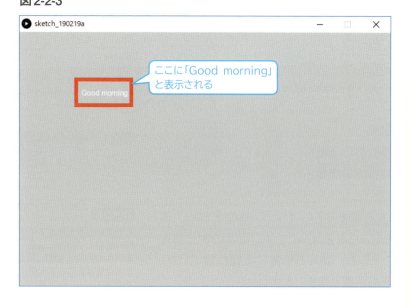

　わかりましたか？ **text**は、**文字を表示する命令**です。

では、2つの「100」はどのような意味でしょうか。数値を変えて画面の変化を観察してみましょう。

```
text("Good morning", 200, 300);
```

プログラムを実行すると、次のような画面が表示されます。

図2-2-4

参照
19ページの図2-2-3と比較してみましょう。

図2-2-3より、少し右下に文字が表示されました。
さあ、数値の意味を想像してみましょう。

書式
text(文字列, 横位置, 縦位置);

役割
画面の指定した位置に文字列を表示する。

引数
文字列：表示する文字列
横位置：表示したい横位置の座標
縦位置：表示したい縦位置の座標

sizeは、画面のサイズを決定するものでした。横幅を600、縦幅を400としてサイズを決定したとき、textでは、画面の左上角を(0, 0)として、横位置（0から右に進んだ位置）と縦位置（0から下に進んだ位置）で画面上の位置を指定します。

ポイント
画面上の位置を指定する際の原点は、基本的には画面の左上角です。必要に応じて変更することも可能です。

図2-2-5

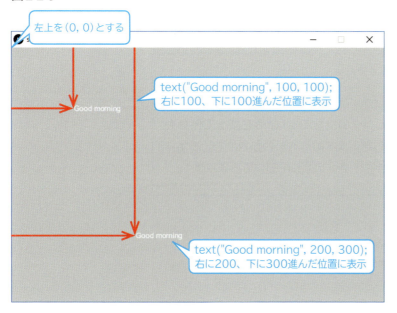

このように、特定の位置を原点として、横位置と縦位置により特定の位置を指定するものを**座標**といいます。また、横位置の指定を**x座標**、縦位置の指定を**y座標**と呼びます。

なお、試しに次のように座標を指定するとどうなるでしょうか。

```
text("Can you see me?", 800, 600);
```

図2-2-6

指定した文字列（"Can you see me?"）は表示されません。これ

ポイント
Processingでプログラミングをするときには、座標をよく使用します。本書を通してずっとお付き合いしていくため、ゆっくりと覚えていきましょう！

ポイント
画面のサイズや座標の単位はピクセル（画素）です。パソコンの画面はいくつかの点で構成されます。その一番小さな点をピクセルといいます。

意味は
Can you see me?は、日本語では「私が見える？」という意味です。

は、指定した座標が画面の最大幅を超えてしまっているためです。
座標を指定するときには、画面のサイズに注意しましょう。

> **まとめ**
>
> 　画面のサイズと座標について理解できましたか。
> 　本節では、プログラミングの世界では「命令を使って何かを指示する」ことを学びました。まずはこれがわかればOKです。
> 　続いて、さまざまな命令を使って図形を描いてみましょう。

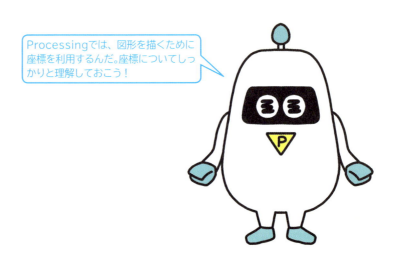

Processingでは、図形を描くために座標を利用するんだ。座標についてしっかりと理解しておこう！

2-3

いろいろな図形を描こう

ここからはさまざまな図形を描く命令を学んでいきます。
線、四角形、円、三角形を描いてみましょう。

線を描こう

まずはシンプルに線を描いてみましょう。ここでは、**line**（ライン）という命令を使います。

意味は
lineは、日本語では「線」という意味です。

リスト2-3-1
```
size(600, 400);
line(0, 0, 600, 400);   ← 線を描く
```

このプログラムを実行すると、次のような画面が表示されます。

図2-3-1

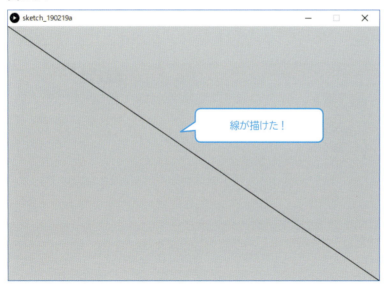

線が描けた！

lineには4つの数値を指定しています。これらの数値の意味を想

像してみましょう。さらに、次のコードも試してみてください。

リスト 2-3-2
```
size(600, 400);
line(100, 100, 200, 200);
```
← 数値を変えて線を描く

実行すると次のような画面になります。線が短くなりましたね。

図 2-3-2

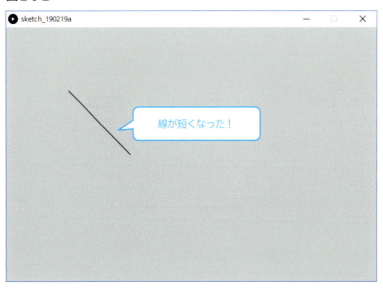

線が短くなった！

画面の変化から、lineに指定する4つの数値の意味を想像できたでしょうか。

書式
line(始点x, 始点y, 終点x, 終点y);

役割
　始点から終点までをつなぐ線を描く。

引数
　始点x：始点のx座標
　始点y：始点のy座標
　終点x：終点のx座標
　終点y：終点のy座標

ポイント
lineには、線の始点と終点を指定します。線の長さを指定しないことに注意しましょう。

図2-3-3

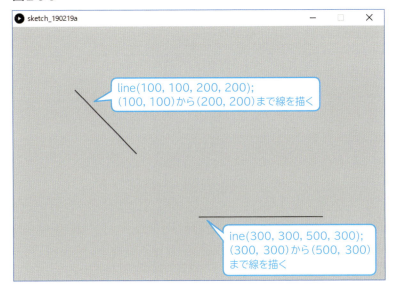

lineは、**始点と終点を結ぶ線を描く命令**です。

参照
size、text、lineなどの命令に指定する数値や文字列を引数といいます。詳しくは、52ページを見てください。

四角形を描こう

続いて、四角形を描いてみましょう。**四角形を描く**には、**rect**（レクト）という命令を使います。

意味は
rectは、rectangle（レクタングル）の略です。rectangleは、日本語では「長方形」という意味です。

リスト2-3-3
```
size(600, 400);
rect(0, 0, 100, 100);    // 四角形を描く
```

実行すると次のような画面になります。

線の次は四角形だね！

図 2-3-4

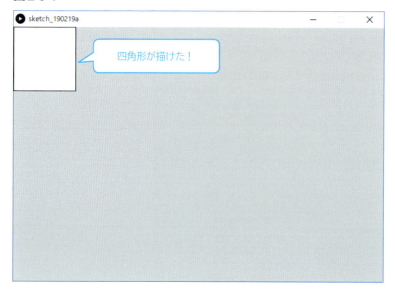

ここで、rectに指定している4つの数値の意味を想像してみてください。

lineと同じように4つなので、rectに指定しているのも始点と終点を表す数値のような気がしますね。

では、lineとrectに同じ数値を指定して、確認してみましょう。

リスト2-3-4

```
size(600, 400);
rect(100, 100, 200, 200);
line(100, 100, 200, 200);
```

rectとlineに同じ数値を指定する

リスト2-3-4ではrectとlineを実行しています。指定する数値もまったく同じです。実行すると次のような画面になります。

図 2-3-5

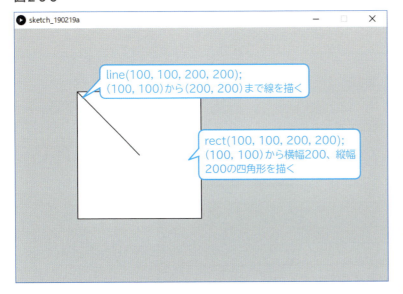

どうでしょうか。
　線の始点の座標と四角形の左上角の座標は同じですが、線の終点の座標と四角形の右下角の座標は一致していません。このことから、rectの4つの数値の意味は、lineとは異なることがわかります。

> 書式
> rect(x, y, 横幅、縦幅);
> 役割
> 　指定した座標から指定した横幅、縦幅の四角形を描く。
> 引数
> 　x：四角形の左上角のx座標
> 　y：四角形の左上角のy座標
> 　横幅：四角形の横幅
> 　縦幅：四角形の縦幅

　rectの3つ目の数値は横幅、4つ目の数値は縦幅です。気づいた人はすごい！
　このように、Processingの命令には、座標だけではなく、サイズや幅などを指定する場合があることを覚えておきましょう。

円を描こう

　さあ、どんどんいきましょう。続いては円です。

> 意味は
> ellipseは、日本語では
> 「楕円」という意味です。

円を描くにはellipse(エリプス)という命令を使います。

リスト2-3-5
```
size(600, 400);
ellipse(100, 100, 100, 100);  ← 円を描く
```

実行すると、次のような画面が表示されます。

図 2-3-6

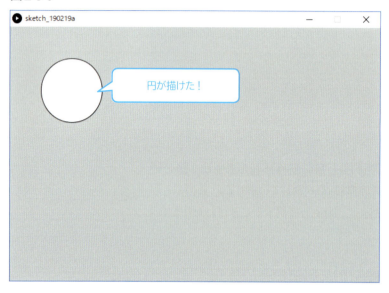

円が描けた！

はい、今回も想像してみましょう。ellipseに指定した4つの数値の意味を想像してください。そうですね、rectと比較してみるとヒントがあるかもしれません。

リスト2-3-6
```
size(600, 400);
rect(100, 100, 100, 100);      ← rectとellipseに同じ数値を指定する
ellipse(100, 100, 100, 100);
```

ellipseとrectを、まったく同じ数値を指定して実行すると、次のような画面になります。

図 2-3-7

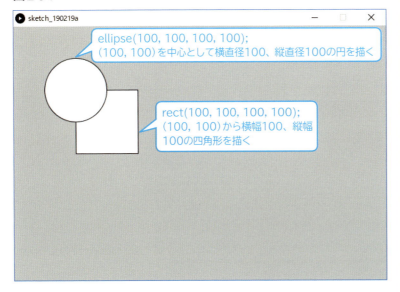

　円と四角形がほんの少しだけ重なっています。四角形の左上角と、円の中心が同じようにも見えます。ちょっと難しいので、ここで正解の発表です。

書式
ellipse(x, y, 横直径, 縦直径);
役割
　指定した座標を中心として、横直径、縦直径の円を描く。
引数
　x：円の中心のx座標
　y：円の中心のy座標
　横直径：円の横の直径
　縦直径：円の縦の直径

---

　ellipseの場合は、中心の座標と、横と縦の直径を指定するんですね！
　横と縦の直径をそれぞれ指定できるので、次のように指定して細長い楕円を描くこともできます。

リスト2-3-7
```
size(600, 400);
ellipse(100, 100, 100, 200);
```
楕円を描く

図 2-3-8

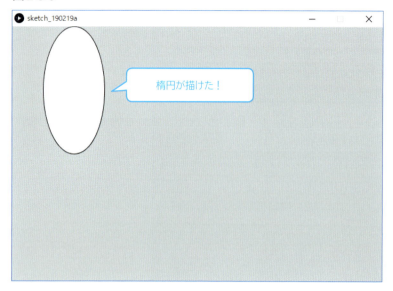

三角形を描こう

次は少し難しくなります。**三角形**です。<ruby>triangle<rt>トライアングル</rt></ruby> という命令を使います。

意味は
triangleは日本語では「三角形」という意味です。

リスト 2-3-8
```
size(600, 400);
triangle(100, 100, 0, 200, 200, 200);
```
三角形を描く

図 2-3-9

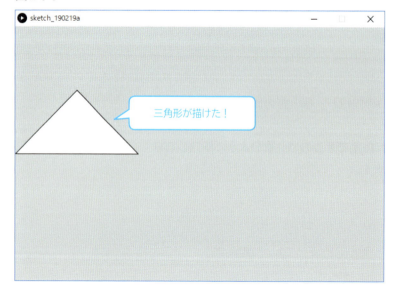

triangleに指定する数値は6つです。多いですね。でも、「6つ」であることから、想像もしやすいかもしれません。

|書式|
triangle(x1, y1, x2, y2, x3, y3);
|役割|
　指定した3つの座標を結ぶ三角形を描く。
|引数|
　x1：三角形の角Aのx座標
　y1：三角形の角Aのy座標
　x2：三角形の角Bのx座標
　y2：三角形の角Bのy座標
　x3：三角形の角Cのx座標
　y3：三角形の角Cのy座標

三角形には3つの角があります。その角をそれぞれA、B、Cとし、各角の座標をtriangleに指定します。

図2-3-10

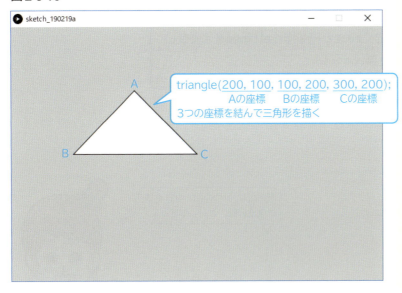

triangle(200, 100, 100, 200, 300, 200);
　　　　Aの座標　Bの座標　　Cの座標
3つの座標を結んで三角形を描く

次を実行すると、画面を斜めに切ったような直角三角形になります。

リスト2-3-9

```
size(600, 400);
triangle(0, 0, 0, 400, 600, 400);
```
直角三角形を描く

図 2-3-11

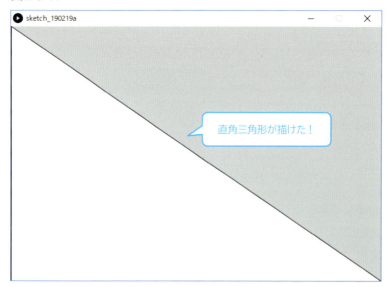

> 直角三角形が描けた！

> **まとめ**
>
> 　本節では、線から始まり、四角形、円、三角形まで、さまざまな図形の描き方を学びました。図形を描く命令には、座標を指定することがわかったと思います。
> 　本書では、四角形を描くrectと円を描くellipseをよく使います。マスターしておきましょう！

> 図形によって座標の指定方法が違うのね。注意しなきゃ！

2-4 図形に色をつけよう

これまでにさまざまな図形の描き方を学びました。今度は、図形に色をつけてみましょう。

図形を黒く塗りつぶしてみよう

図形に色をつけるには、fill（フィル）という命令を使います。次のプログラムを実行してみましょう。

意味は
fillは、日本語では「埋める」「満たす」「塗りつぶす」などの意味があります。

リスト2-4-1
```
size(600, 400);
fill(0);           // 四角形の色を指定する
rect(100, 100, 100, 100);
```

rectの前に、fillを加えました。すると、次のような画面が表示されます。

図2-4-1

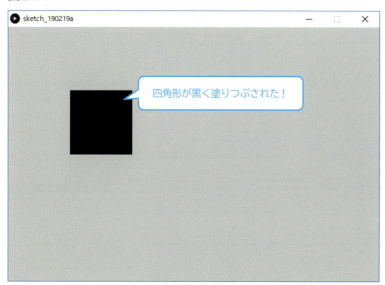

四角形が黒く塗りつぶされた！

四角形が黒く塗りつぶされましたね。では、次のプログラムはどうなるでしょうか。

リスト2-4-2
```
size(600, 400);
rect(100, 100, 100, 100);
fill(0);
```
← rectのあとにfillを実行すると……

fillをrectの後ろにもってきました。実行すると、次のような画面になります。

図2-4-2

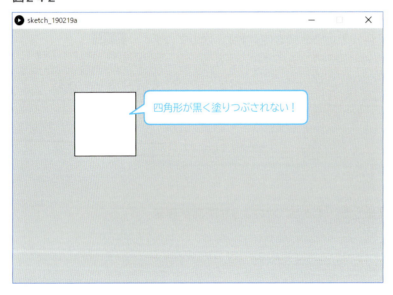
四角形が黒く塗りつぶされない！

四角形の色が黒くなりませんね。このことから想像してほしいのは、「**fillはrectの前に書かないと意味がない**」ということです。

では、次のプログラムも見ていきましょう。

リスト2-4-3
```
size(600, 400);
fill(0);
rect(100, 100, 100, 100);
fill(255);
rect(200, 200, 100, 100);
```
← 黒を指定
← 白を指定

fillとrectを2回ずつ使っています。1回目のfillには0、2回

目のfillには255を指定している点に注目してください。
　実行すると、次のような画面になります。

図2-4-3

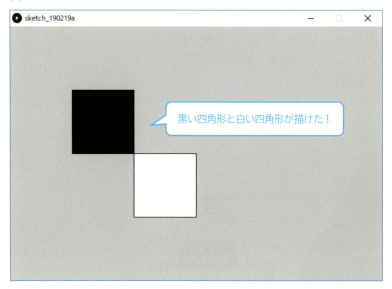

黒い四角形と白い四角形が描けた！

　1つ目の四角形は黒で塗りつぶされ、2つ目の四角形は白で塗りつぶされています。このことから、「==fillはそのあとの図形の色を決定する==」ことが想像できます。また、「==fillには、色を表す数値を指定する==」ことも想像できます。

> **書式**
> fill(数値);
> **役割**
> 　図形を黒から白の間の色にする。
> **引数**
> 　数値：0～255の数値（0は黒、255は白）

光の三原色を使って色をつけよう

　四角形を白や黒で塗りつぶす方法を学びました。では、赤で塗りつぶすにはどうしたらよいでしょうか。
　これまではfillに0（黒）や255（白）など数値を1つだけ指定していました。実は、fillは、3つの数値により色を指定することもできます。
　fillに指定する3つの数値は次の色情報です。

- **赤要素**(Red)
- **緑要素**(Green)
- **青要素**(Blue)

これらの要素は、<u>光の三原色</u>といいます。また、各要素の頭文字をとって **RGB** とも呼びます。fillには、赤要素、緑要素、青要素の度合いを0〜255の範囲で指定します。

図2-4-4

次のプログラムを実行してみましょう。

リスト2-4-4

実行すると、赤、緑、青の四角形が表示されます。

図 2-4-5

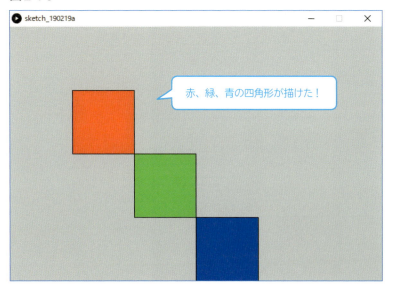

図形を赤で塗りつぶす場合は、fillに255と0と0を指定します。緑の場合は0と255と0、青の場合は0と0と255です。

赤、緑、青を組み合わせて、別の色で塗りつぶすこともできます。

リスト 2-4-5

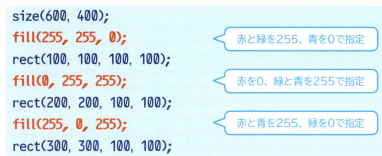

このプログラムは、黄色（赤255、緑255、青0）、水色（赤0、緑255、青255）、紫色（赤255、緑0、青255）の四角形を表示します。

図2-4-6

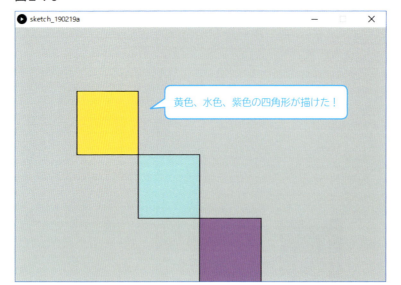

> ポイント
> fillを使用して、さまざまな色の図形を描いてみましょう。

|書式|
fill(赤, 緑, 青);
|役割|
　図形を赤、緑、青で指定した色にする。
|引数|
　赤：赤の要素を示す0〜255の数値
　緑：緑の要素を示す0〜255の数値
　青：青の要素を示す0〜255の数値

　黒の場合はfillに0と0と0、白の場合は255と255と255を指定します。

リスト2-4-6

```
size(600, 400);
fill(0, 0, 0);
rect(100, 100, 100, 100);
fill(255, 255, 255);
rect(200, 200, 100, 100);
```

図 2-4-7

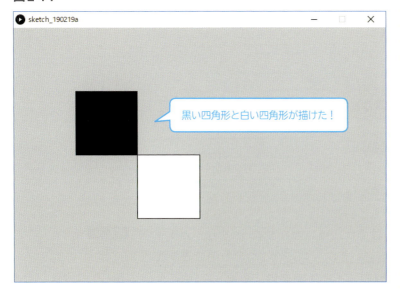

どこかで見たことがありますね。そう、黒と白の四角形を描くときには、fillに0と255をそれぞれ1つ指定していました。

fill(0);とfill(0, 0, 0);、fill(255);とfill(255, 255, 255);は同じ結果になります。

なお、fillに0～255の数値を1つ指定すると、指定した数値に対応した濃度の灰色になります。

参照
34ページのリスト2-4-3とリスト2-4-6を比べてみましょう。

カラーコードを使って色をつけよう

fillには、**カラーコード**で色を指定することもできます。

カラーコードとは、#（シャープ）と6桁の16進数を組み合わせたコードのことで、色を表します。10進数は0～9の10個で数を表現しますが、16進数は0～9とA～Fの16個で数を表現します。10進数の10は、16進数のAになります。

ポイント
日常生活では、数を0～9の10個の数字で表します。これを10進数といいます。コンピュータの世界では、0と1の2個で表す2進数、0～7の8個で表す8進数、0～9の数字とA～Fの記号の16個で表す16進数をよく使います。
10進数では9の次は10ですが、16進数では9の次はA、F（10進数では15）の次が10（10進数では16）になります。

表 2-4-1

10進数	16進数	10進数	16進数
0	0	8	8
1	1	9	9
2	2	10	A
3	3	11	B
4	4	12	C
5	5	13	D
6	6	14	E
7	7	15	F

たとえば、リスト2-4-4は、次のように書き直すことができます。

リスト2-4-7
```
size(600, 400);
fill(#FF0000);          ← 赤を指定
rect(100, 100, 100, 100);
fill(#00FF00);          ← 緑を指定
rect(200, 200, 100, 100);
fill(#0000FF);          ← 青を指定
rect(300, 300, 100, 100);
```

16進数のFFは、10進数では255になります。つまり、カラーコードは、赤、緑、青の度合いを0〜255の3つの数値で表す代わりに、それぞれの数値を00〜FFの16進数に変換して1つにまとめているのです。したがって、黒の場合は#000000、白の場は#FFFFFFになります。

ポイント
リスト2-4-7にさまざまなカラーコードを指定し、何色になるか確認してみましょう。

書式
```
fill(カラーコード);
```
役割
　図形をカラーコードで指定した色にする。
引数
　カラーコード：#000000〜#FFFFFFの16進数

画面の背景の色を指定しよう

画面の背景に色をつける **background** という命令も覚えておきましょう。

意味は
backgroundは日本語では「背景」という意味です。

リスト2-4-8
```
size(600, 400);
background(0);          ← 背景の色を指定する
```

プログラムを実行してみましょう。

図 2-4-8

　真っ黒な画面になりましたね。backgroundは、画面全体を塗りつぶすという命令です。fillと同様に、3つの数値で塗りつぶす色を指定します。

リスト 2-4-9

```
size(600, 400);
background(255, 0, 0);    ← 背景の色を赤、緑、青の要素で指定する
```

図 2-4-9

もちろん、fillと同じくカラーコードを指定することもできます。

リスト2-4-10
```
size(600, 400);
background(#FF0000);
```
← 背景の色をカラーコードで指定する

書式
background(数値);
background(赤, 緑, 青);
background(カラーコード);
役割
　画面の背景を指定した色にする。
引数
　数値：0～255の数値（0は黒、255は白）
　赤：赤の要素を示す0～255の数値
　緑：緑の要素を示す0～255の数値
　青：青の要素を示す0～255の数値
　カラーコード：#000000～#FFFFFFの16進数

ポイント
backgroundにさまざまな色を指定して、画面の背景が何色になるか確認してみましょう。

まとめ

　本節では、図形に色をつける方法を学びました。色は、赤、緑、青の光の三原色を組み合わせて表現することをよく覚えておいてください。本書の第4章および第5章では、この方法でさまざまな色を指定して図形を描きます。
　続いて、これまでに学んだことを使って、絵を描いてみましょう。

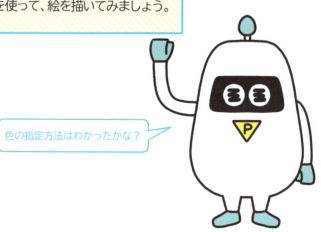

色の指定方法はわかったかな？

2-5

課題 図形を組み合わせてクマを描いてみよう

図形の描き方をメインに、Processing の基本的なプログラミング方法を学んできました。本章の復習のために、図形を組み合わせて絵を描いてみましょう。

図形を組み合わせてクマを描く

円などの図形を組み合わせれば絵を描くことができます。完成図は次のとおりです。

図2-5-1

顔の輪郭、耳、手、……のように順番にパーツを描いていこう！

クマの顔の輪郭を描く

まずは顔の輪郭から描いてみましょう。

リスト2-5-1

```
size(600, 400);
```

```
fill(#8B4513);
ellipse(290, 200, 200, 180);
```
← 顔の輪郭を描く

　fillにはカラーコード#8B4513でサドルブラウンを指定します。自転車のサドルのような茶色です。
　実行すると次のような画面になります。

図2-5-2

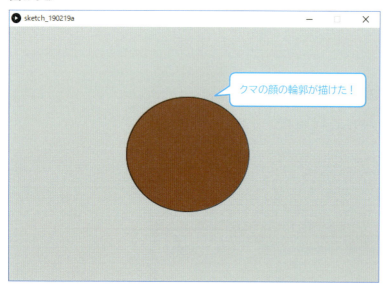
クマの顔の輪郭が描けた！

クマの耳を描く

　続いて、耳も描いてみましょう。

リスト2-5-2
```
size(600, 400);
fill(#8B4513);

ellipse(290, 200, 200, 180);   ← 顔の輪郭を描く

ellipse(210, 150, 80, 80);
ellipse(370, 150, 80, 80);     ← 耳を描く
```

　再生ボタンを押して実行してみます。

図 2-5-3

何かがおかしいですね。耳が顔の輪郭よりも前に表示されてしまっています。

耳は、顔の輪郭の後ろに表示したいので、次のように修正します。

リスト 2-5-3

```
size(600, 400);
fill(#8b4513);

ellipse(210, 150, 80, 80);      耳を描く
ellipse(370, 150, 80, 80);

ellipse(290, 200, 200, 180);    顔の輪郭を描く
```

耳の図形を描くコードを先に書きます。

注意
プログラムは上の行から順に実行されるので注意しましょう。図形の重なり方を考えてコードを書く必要があります。

図 2-5-4

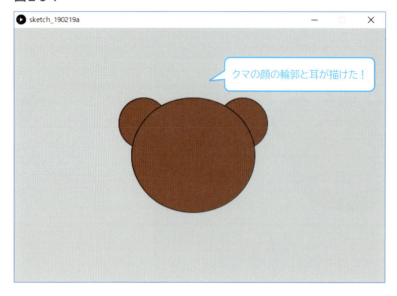

クマの手を描く

続いて手を描きましょう。手は顔の輪郭よりも前面に表示します。

リスト 2-5-4

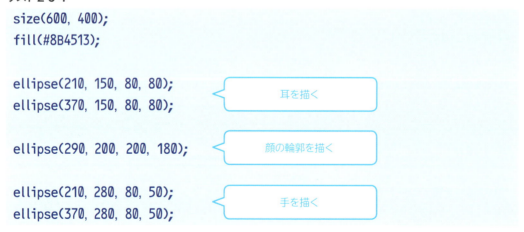

図 2-5-5

クマの目を描く

だいぶクマっぽくなってきましたね！ 続いて、目を描きます。

リスト 2-5-5
```
size(600, 400);
fill(#8B4513);

ellipse(210, 150, 80, 80);     耳を描く
ellipse(370, 150, 80, 80);

ellipse(290, 200, 200, 180);   顔の輪郭を描く

ellipse(210, 280, 80, 50);     手を描く
ellipse(370, 280, 80, 50);

fill(0);
ellipse(250, 200, 20, 30);     目を描く
ellipse(330, 200, 20, 30);
```

図 2-5-6

目は黒く塗りつぶすため、fillに0を指定している点に注意してください。

クマの口周りを描く

さあ、どんどんいきましょう。口周りを描きます。

リスト 2-5-6

```
size(600, 400);
fill(#8B4513);

ellipse(210, 150, 80, 80);      // 耳を描く
ellipse(370, 150, 80, 80);

ellipse(290, 200, 200, 180);    // 顔の輪郭を描く

ellipse(210, 280, 80, 50);      // 手を描く
ellipse(370, 280, 80, 50);

fill(0);
ellipse(250, 200, 20, 30);      // 目を描く
ellipse(330, 200, 20, 30);
```

```
fill(#CD853F);
ellipse(290, 240, 100, 80);
```
口周りを描く

図2-5-7

口周りは薄い茶色で！

口周りは薄い茶色で描きます。

注意
カラーコード#CD853F
は、ペルーという薄い茶色
を指定します。

クマの鼻を描く

そして、最後に鼻を描いて完成です。鼻は黒の逆三角形にします。

リスト2-5-7
```
size(600, 400);
fill(#8b4513);
// 耳を描く
ellipse(210, 150, 80, 80);
ellipse(370, 150, 80, 80);
// 顔の輪郭を描く
ellipse(290, 200, 200, 180);
// 手を描く
ellipse(210, 280, 80, 50);
ellipse(370, 280, 80, 50);
// 目を描く
fill(0);
ellipse(250, 200, 20, 30);
```

```
ellipse(330, 200, 20, 30);
// 口周りを描く
fill(#CD853F);
ellipse(290, 240, 100, 80);
// 鼻を描く
fill(0);
triangle(270, 220, 310, 220, 290, 240);
```

　行の先頭に**//**を付けると、その行はプログラムのコードとして実行されません。この行は、<u>コメント</u>と呼ばれ、実行するコードの内容をメモするときに利用すると便利です。

　さあ、クマの絵が完成しました。

図 2-5-8

ポイント

絵を描くときには、たくさんの命令を使います。リスト2-5-7のように「//」を使ってコメントを残すようにすると読み返したときに混乱しなくてよいでしょう。プログラマと呼ばれるプロの人たちもよく使うやり方です。

まとめ

　本章では図形の描き方と色の指定方法を学び、最後に学んだ内容を利用してクマの絵を描きました。たくさんのコードを書いてきたので少し疲れたと思いますが、クマが描けたことは、プログラミングの初歩がしっかり学べた証拠でもあります。この調子でさらにプログラミングを学んでいきましょう！

第3章 Processing プログラミングの基本
――関数、変数、画像表示、乱数

Processingで絵は描けたけど、動かすことはできないの？

もちろん、描いた絵は動かせるよ！

「絵を動かす」という命令があるの？

第2章で描いた絵は、「変数」を使うと動かすことができるよ。

変数？ 変な数？ 難しそうだなあ。

使い方がわかれば簡単さ！ さあ、ここから本格的にプログラミングの学習になっていくよ！

3-1 絵を動かすために必要なsetup関数とdraw関数を作ろう

3-2 「変数」とは何かを理解しよう

3-3 画像を画面に表示しよう

3-4 「乱数」を使って画面の表示を変化させよう

3-5 課題 マウスにクマの絵がついてくるプログラムを作ろう

3-1 絵を動かすために必要な setup関数とdraw関数を作ろう

描いた絵を動かすためには「変数」が必要と説明しましたが、変数の前にsetup関数とdraw関数について学びましょう。この2つの関数はこのあと何度も出てくるので、読み飛ばさないでくださいね。

まず関数とは何かを理解しよう

これまでに、lineやellipseなどの命令を使って図形を描いてきました。実はこれらの命令を **関数** といいます。

たとえば、（関数を使わずに）次の2つの処理を実行するプログラムを考えます。

- 座標(210, 150)を中心として、横幅80、縦幅80の円を描く。
- 座標(330, 200)を中心として、横幅20、縦幅30の円を描く。

仮に円を描くために必要なコードの行数を100行とすると、このプログラムでは200行もコードを書かなければなりません。

でもちょっと待ってください。よく見ると、「円を描く」処理は同じで、異なるのは、座標や直径の数値だけです。

そこで、「円を描く」処理を1つにまとめて名前を付け、異なる数値だけを指定してもらえば実行できるようにしました。これを関数といいます。ellipse関数は、次のように関数の名前を書き、座標と直径を指定すると、「円を描く」処理を実行してくれます。

```
ellipse(210, 150, 80, 80);
ellipse(330, 200, 20, 30);
```

2つの円を描くために、200行のコードを書く代わりに、2行のコードで済みます。

Processingは、ellipseのような関数を数多く用意しています。関数には **書式** があり、書式に沿ってプログラム内に記述することで関数の処理を実行できます。これを「 **関数を呼び出す** 」といいます。

関数は書式どおりに記述して呼び出す必要があります。関数名に

参照
ellipse関数の書式については、29ページを見てください。

ポイント
Processingなどのプログラミング言語は、たくさんの関数を用意しています。関数の書式は、「リファレンス」というドキュメントに掲載されています。本書では、利用する関数の書式をその都度紹介します。

続くカッコの中には、引数を指定します。先ほど説明した「処理によって異なる部分」です。関数は引数を受け取って、その指定どおりに処理を実行してくれるのです。

マウスの位置に四角形を表示するプログラムを作ろう

関数についてなんとなく理解できましたか？
絵を動かすために関数を作りますが、その説明の前に次のプログラムをProcessingで実行してみましょう。内容が理解できなくても、今は気にしないでだいじょうぶです。

リスト3-1-1

```
void setup(){
  size(600, 400);
}
void draw(){
  rect(mouseX, mouseY, 10, 10);
}
```

再生ボタンを押して実行してみましょう。画面上でマウスの位置に四角形が表示されます。マウスを動かすと、その位置でも四角形が表示され、それが延々と続きます。

図3-1-1

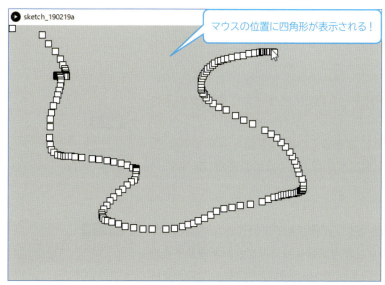

マウスの位置に四角形が表示される！

setup関数とdraw関数の役割を知ろう

リスト3-1-1では、setupとdrawという2つの関数を書いています。でも、これまでのプログラムのように、関数名と引数を指定して呼び出しているようには見えません。

関数は、あらかじめ用意されているものを利用するだけでなく、自分で作ることができます。そして、Processingでは、「プログラム内でsetup関数とdraw関数を自分で作る」ことで、絵を動かすプログラミングが可能になるのです。

● setup関数とdraw関数は誰が呼び出すの？

関数を作ることを「関数を定義する」といいます。ellipseなどの関数はProcessingのシステムのどこかで定義されているので、呼び出して利用できるのです。

リスト3-1-1のプログラムでは、setup関数とdraw関数を定義しています。では、この2つの関数は、どのように呼び出して実行するのでしょうか。

実はこの2つの関数は、Processingが呼び出して処理を実行します。さらに、この2つの関数の呼び出し方はそれぞれ異なるのです。

● setup関数とは？

setup関数は、再生ボタンが押されてプログラムが実行されたときに最初の1回だけ呼び出されます。つまり、setup関数の中に書いたコードは最初の1回だけ実行されるのです。

リスト3-1-1では、setup関数の{と}の間でsize関数を呼び出しています。

```
void setup(){
  size(600, 400);
}
```

そのため、再生ボタンを押すと、指定したサイズで画面が表示されます。

setup関数は、このように絵を描くための画面を用意するなど、プログラムの実行に必要な設定や処理を行うために使用します。

● draw関数とは？

一方、draw関数は、再生ボタンが押されてプログラムが開始してから停止ボタンが押されるなどの方法によりプログラムが停止するまで繰り返し実行されます。つまり、draw関数の中に書いたコードは

ポイント
setup関数はプログラムの実行が開始するとき、最初の1回だけ実行されます。

意味は
setupは、日本語では「設定」「配置」「組み立て」などを意味します。

ポイント
draw関数はプログラムの実行が終了するまで何回も実行されます。

プログラムが停止するまで何度も実行されるのです。

　リスト3-1-1では、draw関数の**{**と**}**の間でrect関数を呼び出しています。

```
void draw(){
  rect(mouseX, mouseY, 10, 10);
}
```

　rect関数に指定している**mouseX**と**mouseY**はそれぞれ、マウスの位置のx座標とy座標の数値を取得する**変数**です。rect関数は何度も呼び出されるため、マウスを動かすたびにその位置に四角形が描かれます。

●setup関数とdraw関数が実行される流れ

　setup関数とdraw関数がどのようなものかわかりましたか。この2つの関数がどのように実行されるかをまとめると、次のようになります。

図3-1-2

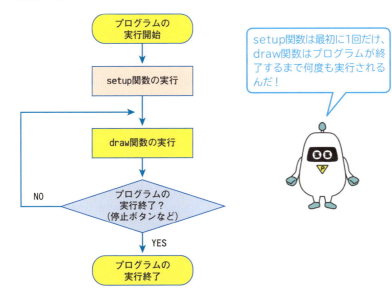

意味は
drawは日本語では「（絵を）描く」などの意味です。

参照
変数については、59ページを見てください。

ポイント
図3-1-2のような図はフローチャートと呼ばれ、プログラムで実行される処理の流れを説明するものです。◇のところで「YES」「NO」のどちらを選ぶかによって、次の処理が変わります。

第3章　Processingプログラミングの基本―関数、変数、画像表示、乱数

setup関数とdraw関数を書いてみよう

setup関数とdraw関数の書き方を覚えておきましょう。

① **void**

どちらの関数も、まず「**void**」と入力したあと、半角のスペースを入力します。

② **関数名()**

関数名を入力したあと、半角で「**()**」（カッコ）を入力します。カッコ内には**引数**を記述します。引数はたとえばellipse関数を呼び出すときに指定する座標や直径などのことです。関数を定義する場合には、（と）の間に関数が受け取る引数を書きますが、setupとdrawはどちらも引数を受け取らないので、カッコだけ記述します。

③ **{ (左波カッコ)**

続いて、半角で「**{**」（左波カッコ）を入力します。これは、「これから関数の中の処理を書く」ことを示します。{のあとに ENTER キーを押して改行します。

④ **関数の中の処理**

関数の中で実行する処理を順番に記述します。

⑤ **} (右波カッコ)**

ENTER キーを押して改行してから、行の先頭に半角で「**}**」（右波カッコ）を入力します。}は「関数の中の処理を書き終わった」ことを示します。

> **注意**
> 関数には、関数内で実行した処理の結果として何かの値を呼び出した側に返すものと返さないものがあります。voidは、処理の結果を返さないことを示します。なお、呼び出し側に返される処理結果のことを「戻り値」と呼びます。

> **意味は**
> voidは、日本語では「何もない」「空の」という意味です。

図3-1-3

```
① ②      ③
void  setup ( ) {
④     size (600, 400);
⑤ }
```

①voidと半角スペースを入力する。
②関数名と()を入力する。
③{を入力して改行する。
④関数の中の処理を記述する。
⑤行の先頭に}を入力する。

入力はすべて半角で！
(,)、{,}を入力するときは、SHIFTキーを一緒に押してね！

> **注意**
> (、)、{、}を入力するときは、SHIFTキーを一緒に押す必要があります。

setup関数とdraw関数を書くときの注意点

●入力はすべて半角で！
　プログラムのコードは、基本的に半角で入力します（プログラムで扱うデータやコメントを入力する場合を除きます）。たとえば、カッコを全角で入力すると、エラーになります。

●}の書き忘れに注意！
　初心者にありがちな間違いが、}の書き忘れです。{に対応する}があるか、きちんと確認しましょう。

●setup関数とdraw関数は必ず1つ
　setup関数とdraw関数はそれぞれ必ず1つです。2つ以上書くとエラーになります。

図3-1-4

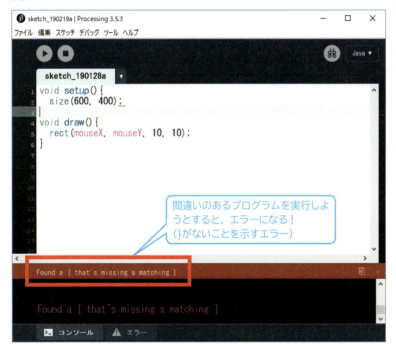
間違いのあるプログラムを実行しようとすると、エラーになる！
(}がないことを示すエラー)

Column　インデントのススメ

　　setup関数は、実は次のように書くこともできます。
```
void setup(){ size(600, 400); }
```
　　この場合でも、プログラムの実行結果は変わりません。
　　Processingでは、；（セミコロン）で区切るか、{と}で囲むと、1つの処理と認識されます。`size(600, 400);`の直後に別の関数呼び出しのコードを書いても問題なく実行してくれるのです。
　　ただ、関数の呼び出しなどの処理をいくつも書くと、プログラムが読みにくくなってしまいます。}の書き忘れの原因にもなりがちです。
　　そこで、関数の中では先頭に半角スペースを入れることで、「関数の中の処理」であることを示します。
```
void setup(){
  size(600, 400);
}
```
　　このように、先頭にスペースを入れることを「==インデント=='」（字下げ）といいます。インデントにより、プログラムが読みやすくなり、}の書き忘れなどのミスも防ぎやすくなります。
　　本書では、インデントとして2つの半角スペースを入れています。そのほかにも、`TAB`キーによりタブを入力することもできます。タブは、あらかじめ設定されたスペース分を空ける機能です。
　　また、Processingにはインデントを自動調整する機能があります。[編集]メニューの[自動フォーマット]を選択すると、自動的にインデントをして読みやすい形に整えてくれます。自分が書いたプログラムにエラーがあったり、読みにくいなと思ったりした場合は、自動フォーマットを実行するとコードが読みやすくなり、エラーの原因がわかるかもしれません。

まとめ

　setup関数とdraw関数について理解できましたか。よくわからなかった場合でも、気にする必要はありません。「まあ、そういうものなんだな」くらいに理解できれば十分です。これからどんどん学習を進めていくと、自然に理解が進みます。今はわからなくても焦らないでだいじょうぶです！

3-2

「変数」とは何かを理解しよう

マウスの位置に四角形が表示されるプログラムでは、mouseXとmouseYという「変数」を利用しました。これから変数とは何かを説明します。

変数＝名前付きの箱

変数は、「名前付きの箱」と考えるとわかりやすいでしょう。

①名前付きの箱を用意する

たとえば、整数を入れる箱としてaとbという名前の箱を用意します。これは、Processingでは、次のように書きます。

```
int a;
int b;
```

②箱aに整数を入れる

aには任意の整数を入れることができるので、10を入れてみましょう。これは、Processingでは、次のように書きます。

```
a = 10;
```

③箱aの内容を取り出して箱bに入れる

bも整数を入れる箱です。箱aの名前を指定することで、箱aからその内容（整数の10）を取り出し、箱bに入れることができます。Processingでは、次のように書きます。

```
b = a;
```

④箱bと整数の計算結果を箱bに入れる

箱bは整数を入れる箱なので、その内容を取り出して整数との計算を行うことができます。そして、その計算結果を箱bに入れることができます。Processingでは、次のように書きます。

```
b = b + 1;
```

> **参照**
>
> 変数を用意することを「変数を宣言する」といいます。詳細については、63ページを見てください。

図3-2-1

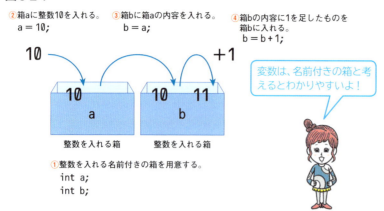

まとめると、変数とは、ある種類の値を入れられる名前付きの箱（メモリ上の領域）であり、名前を指定して、値を入れたり、取り出したり、内容を変更したりすることができます。

変数の「内容を変更できる」という性質を利用すると、プログラミングの世界がぐっと広がります。変数を利用することで、プログラムのコードを短くすることができ、変数の内容を変えていくことで、さまざまな処理ができるようになります。

注意
メモリはコンピュータの部品の1つで、情報を記憶する装置です。プログラムを実行するときはメモリが使われ、プログラムで変数を宣言すると、メモリ上のある領域を変数として利用できるようになります。

自動で右に移動する四角形を表示するプログラムを作ろう

なんだかややこしい話が続きましたが、変数を言葉で説明されただけでは、なかなか理解しにくいものがあると思います。

変数について理解を深めるには、「**変数をどのような場面で使うか**」を考え、実際にプログラムを動かしながら、経験を重ねていくのが一番です。

まず、次のプログラムを入力し、実行してみましょう。

リスト3-2-1
```
void setup(){
  size(600, 400);
}
void draw(){
  rect(0, 200, 100, 100);
}
```

図 3-2-2

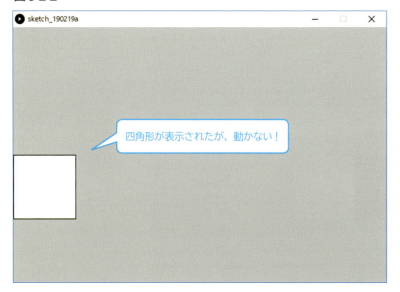

x座標0、y座標200を左上角として横幅、縦幅がそれぞれ100の四角形が表示されます。

リスト3-2-1では、draw関数の中でrectを呼び出しているため、四角形の表示は繰り返し行われていることになりますが、四角形はピクリとも動きません。単に同じ位置に同じサイズの四角形を描き続けているだけで、動きのないプログラムになります。

では、四角形のサイズはそのままで、表示する位置を変えてみましょう。ここで変数が登場します！

リスト3-2-2

```
int x = 0;                      // 変数xを宣言する
void setup(){
  size(600, 400);
}
void draw(){
  x = x + 1;                    // 変数xに、変数x+1を代入
  rect(x, 200, 100, 100);
}
```

図 3-2-3

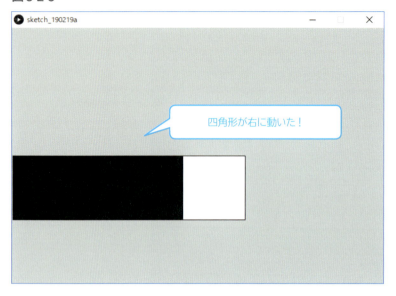

リスト3-2-2を実行すると、四角形が表示され、右に動きます。これは左上角のx座標を変えて繰り返し四角形を表示しているため、動いているように見えるのです。黒く表示されている部分は、四角形が重なり合っているため、黒く見えています。

● x座標に変数を利用する

では、プログラム内の処理を解説していきましょう。

まず注目してほしいのは、rectを呼び出しているコードです。

`rect(x, 200, 100, 100);`

リスト3-2-1ではx座標に0を指定していましたが、リスト3-2-2ではxに変わっています。これが変数です。

● 変数を宣言する

変数は使いたいところに書くだけでは使えません。変数を使うためには、最初に変数の型や名前などを決定しておく必要があります。これを「変数を宣言する」といいます。

リスト3-2-2の1行目を見てください。

`int x = 0;`

intや=についての説明はあとまわしにします。

まずは、rectの呼び出しで使用する変数xはここで宣言され、あらかじめ0が設定されていることを理解しましょう。

変数xを使って「rect(x, 200, 100, 100);」と書けば、その場所には変数xの内容が取り出され、rectに渡されることになります。

ポイント
変数を使うためには、変数を宣言して変数の型や名前を決定しておく必要があります。

● 変数の内容を変更する

　最初は変数xの内容は0なので、結局は「rect(0, 200, 100, 100);」と同じ結果になってしまいます。これでは変数を使っても四角形を動かすことはできません。

　どうすればよいでしょうか。draw関数には次のコードがあります。

```
x = x + 1;
```

　変数xの内容を変更しています。これで、変数xに最初に設定された0が上書きされます。ここでは、変数xに「変数xの内容に1を足した値」を設定しているため、変数xの内容は1になります。

　このコードをdraw関数の中に書くと、draw関数は繰り返し呼び出されるため、変数xの内容は2回目には2、3回目は3、……のように1ずつ増えていきます。

```
int x = 0;

void draw(){
  x = x + 1;
  rect(x, 200, 100, 100);
}
```

　変数xは、1が足されたあと、rectに渡されます。draw関数内のすべての処理が実行されると、再度draw関数が呼び出されて変数xに1が足されてrectに渡されます。これを繰り返すことによって、右に移動していく四角形が表示できたわけです。

変数の宣言方法を理解しよう

　リスト3-2-2の1行目で宣言した変数xを例に、変数の宣言方法や値の設定方法などを詳しく見ていきましょう。

図3-2-4

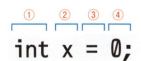

①型
②変数名
③演算子（初期値を変数に代入）
④初期値

変数の宣言方法を覚えよう！

●型を指定する

最初の int は、**型**と呼ばれ、変数にどのような値を入れられるかを決定します。

int 型は、**整数**を入れられる変数を宣言できます。Processing には、int 以外にも多くの型が用意されています。主なものを次に示します。

表3-2-1

型	変数に入れる値	値の例
int	整数	0、6、100、-12
float	小数	1.2、0.445
String	文字列	"tento"、"name"
boolean	真偽値	true、false

> **意味は**
> int は日本語で「整数」を意味する integer の略です。コンピュータでは小数として浮動小数点数（小数点の位置が固定されない小数）を扱います。float は日本語で「浮動小数点数」を意味する floating point number に由来します。何のことかよくわからないかもしれませんが、そんなものがあると思ってもらえればだいじょうぶです。

> **注意**
> 真偽値とは、真（true）または偽（false）のどちらかになる値のことです。たとえば、「変数 x の内容を2で割ったときの余りは0か」などの条件の結果を判断するときに利用されます。

●変数名を指定する

型に続いて、**変数名**を指定します。**リスト3-2-2**では、x 座標の値を設定するために x という名前にしています。このように、変数には用途がわかりやすい名前を付けるとよいでしょう。

なお、変数の宣言では、型を指定するのは一度だけです。次のように記述すると、int 型の変数 seisu を2つ宣言したことになり、エラーになるので注意してください。

```
int seisu = 1;
int seisu = 2;     ← エラーになる！
```

●初期値を代入する

次に「int x = 0;」の「=」について見ていきましょう。

算数などでは、「1＋1＝2」のように、＝の左側と右側が等しい（ちょっと難しい言い方では「等価」である）ことを示すために使われます。プログラミングの世界では、＝は、左側の変数に右側の値や変数の内容を入れることを意味します。これを「**代入する**」といい、＝を**代入演算子**と呼びます。

変数の宣言のときには、変数の**初期値**を代入することができます。これを**初期化**といいます。

```
int seisu = 1;    ← 変数 seisu の宣言時に初期値1を代入
seisu = 2;        ← 変数 seisu に2を代入
```

> **注意**
> 初期値とは、文字どおり、初期に入っている値のことです。

> **ポイント**
> 変数を宣言するときには、変数に初期値を代入することができます。

図3-2-5

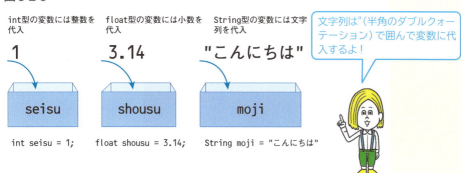

int型の変数には整数を代入　　float型の変数には小数を代入　　String型の変数には文字列を代入

1　　3.14　　"こんにちは"

seisu　　shousu　　moji

int seisu = 1;　　float shousu = 3.14;　　String moji = "こんにちは"

文字列は"(半角のダブルクォーテーション)で囲んで変数に代入するよ!

1つの四角形が自動で右に移動するプログラムを作ろう

リスト3-2-2を実行すると、四角形が右に移動しますが、複数の四角形が重なり黒い影が表示されていました。1つの四角形だけを右に動くようにするにはどうしたらよいでしょうか。

難しいようで実は簡単な話です。毎回背景を黒く塗りつぶしてほかの四角形を隠してしまうことで実現できます。これは、Processingでよく使うプログラミングテクニックです。

リスト3-2-3

```
int x = 0;
void setup(){
  size(600, 400);
}
void draw(){
  background(0);
  x = x + 1;
  rect(x, 200, 100, 100);
}
```

background関数の呼び出しを追加

draw関数の最初の行に、「background(0);」を追加しました。これは、背景をすべて黒で塗りつぶすという命令です。draw関数の最後にrectで表示された四角形を、次にdraw関数が実行されたときにbackgroundで塗りつぶすことで、1つの四角形が右に動くように見せかけることができます。

参照

backgroundについては、40ページを見てください。

図3-2-6

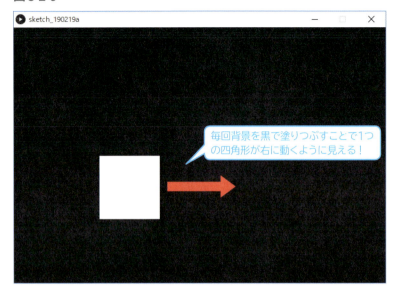

> 毎回背景を黒で塗りつぶすことで1つの四角形が右に動くように見える！

ポイント
「backgroundを使って背景を塗りつぶす」テクニックは今後もよく使用します。覚えておきましょう。

マウスの位置に四角形がついてくるプログラムを作ろう

　変数の宣言方法を理解できましたか。初めてだと「型」がわかりにくいかもしれませんが、慣れればだいじょうぶです。最初はよくわからなくても、プログラミングの経験を重ね、思わぬエラーなどに出くわしたり乗り越えたりすることでわかるようになっていきます。

　変数やbackgroundの活用テクニックがわかってきたところで、復習としてリスト3-1-1のプログラムを修正して、1つの四角形だけがマウスについてくるようにしましょう。

リスト3-2-4
```
void setup(){
  size(600, 400);
}
void draw(){
  background(0);         // background関数の呼び出しを追加
  rect(mouseX, mouseY, 50, 50);   // 直径を50に変更
}
```

図 3-2-7

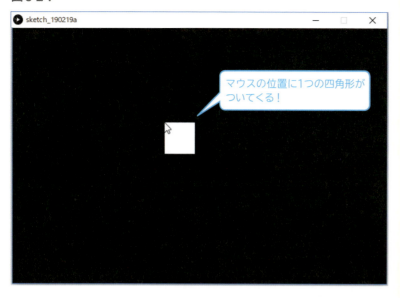

マウスについてくる四角形が表示されましたか？

● システム変数を利用する

さて、変数を学んだあとでこのプログラムを見てみると、いろいろと疑問に思うところがあったかもしれません。55ページでは、「**mouseXとmouseYはそれぞれ、マウスの位置のx座標とy座標の数値を取得する変数**」と説明しました。では、mouseXとmouseYはどこで宣言されているのでしょうか。型は何でしょうか。

実は、mouseXとmouseYには、Processingが自動でint型で宣言し、値を代入してくれています。こういった変数を **システム変数** と呼びます。次によく使うシステム変数を示します。

表 3-2-1

種類	内容
mouseX	マウスのx座標の位置（整数）
mouseY	マウスのy座標の位置（整数）
width	画面の横幅（整数）
height	画面の縦幅（整数）

注意
プログラム内では任意の名前の変数を宣言できます。システム変数と同じ名前で変数を宣言することもできますが、思わぬエラーになる可能性があるため、やめておきましょう。

意味は
widthは日本語では「幅」、heightは「高さ」という意味です。

draw関数の実行回数をカウントしよう

draw関数は何回くらい実行されるのでしょうか。簡単なプログラムを用意してみました。実行してみてください。

リスト3-2-5

```
int count = 0;           // 変数countを宣言
void setup(){
  size(600, 400);
}
void draw(){
  background(0);
  count = count + 1;     // 変数countに1を足す
  text(count, 300, 200); // 変数countの内容を表示
}
```

図3-2-8

draw関数の呼び出し回数が表示される！

　リスト3-2-5では、int型の変数countを宣言し、0で初期化しています。そして、draw関数の中で変数countに1を足して、画面にその内容を表示しています。実行すると、すごいスピードでその数が増えていくのがわかります。

　draw関数は1秒間に約60回実行されます。実行結果を見てみると、約1秒ごとに60ずつ増えていることがわかります。

注意

パソコンの仕様が低かったり、同時にほかのアプリケーションを実行していたりすると、プログラムの実行速度が低下し、1秒間の実行回数が減る場合があります。そのため、**リスト3-2-5**を実行する前に、ほかのアプリケーションを閉じておいてください。

算術演算子を利用しよう

　これまでに「変数に1を足す」コードを書いてきました。プログラミングでは、変数に値を足す・引くといった処理をよく行います。こうした足し算や割り算などの計算には**算術演算子**を使います。

算術演算子は、演算子の左側の値（または変数）と右側の値（または変数）の計算を行います。

> **注意**
> 算術演算子は、普通の算術演算のように、足し算や引き算より掛け算や割り算のほうが優先されます。

表3-2-2

算術演算子	意味	例
+	足し算	a + b：aにbを足す
-	引き算	a - b：aからbを引く
*	掛け算	a * b：aにbを掛ける
/	割り算	a / b：aをbで割った商を求める
%	割り算の余り	a % b：aをbで割った余りを求める

算術演算子を使った簡単なプログラムを作ってみましょう。println（プリントライン）関数は、指定された文字列や値をProcessingエディタのコンソール領域に表示したあと、改行します。

なお、a + bのように、計算などが行われて1つの値を返すものを**式**といいます。

> **意味は**
> printは、日本語では「印刷する」などの意味がありますが、ここでは「画面に表示する」という意味で使われています。lnは、line（行）の略です。

リスト3-2-6

```
int a = 10;
int b = 6;
println("a + b ", a + b);
println("a - b ", a - b);
println("a * b ", a * b);
println("a / b ", a / b);
println("a % b ", a % b);
```

指定された文字列と、式の計算結果をコンソール領域に表示

書式
`println(a, b, c, ……);`

役割
引数で指定した値をコンソール領域に表示し、改行する。

引数
a、b、c：コンソール領域に表示する文字列（"で囲む）、値、変数（,（半角カンマ）で区切って複数指定可能）

● 複合代入演算子を使う

変数aの内容に1を足してaに代入するには次のように書きます。

`a = a + 1;`

図 3-2-9

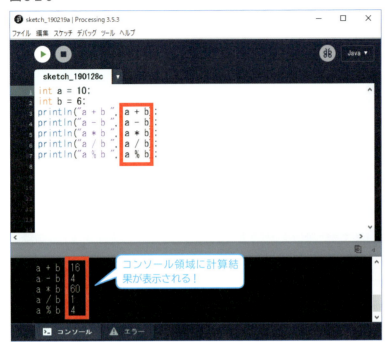

注意
「a + b * c」のように、算術演算子を複数使った式を書くこともできます。ただし、普通の算術演算のように、足し算や引き算より掛け算や割り算のほうが優先されるため、この式はb * cの計算が行われてからその結果がaに足されることになります。a + bを先に行いたい場合は、カッコを使って「(a + b) * c」のように書きます。

これを次のように短く書き直すことができます。

a += 1;

+=のような書き方を、**複合代入演算子**といいます。

表 3-2-3

複合代入演算子	例
+=	a += b; : a = a + b; と同じ
-=	a -= b; : a = a - b; と同じ
*=	a *= b; : a = a * b; と同じ
/=	a /= b; : a = a / b; と同じ
%=	a %= b; : a = a % b; と同じ

まとめ

　本節では、Processingのプログラミングで重要となる変数について説明しました。もし、変数についてまだよくわからなくても、プログラムの作成を続けていくうちに、自由自在に使いこなせるようになるでしょう。

3-3

画像を画面に表示しよう

Processing のプログラミングでは、図形を描くだけでなく、パソコンに保存した画像(がぞう)を表示する処理もよく行います。ここでは、画像を画面に表示する方法を学びましょう。

まずは画像を準備しよう

画像を表示するためには、Processing内で画像が使えるように準備する必要があります。

今回は次の画像を使います。

図 3-3-1

今回は「耳の長いネコ」の画像を使うよ！
ウサギではなくネコだよ！

参照
ここで使用する画像は、技術評論社のWebサイトからダウンロードできます。ダウンロードの方法については、12ページを見てください。

プログラム内で使いたい画像を、Processingエディタにドラッグ＆ドロップします（図3-3-2）。ここでは **catwalk_02.png** というファイルを使用してください。

耳の長いネコの画像を表示しよう

ではさっそく、画像を画面に表示してみましょう。

図3-3-2

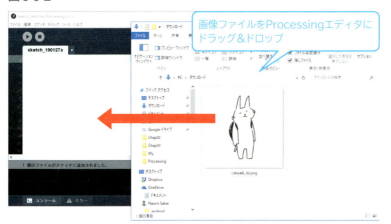

画像ファイルをProcessingエディタに
ドラッグ＆ドロップ

注意

画像ファイルのドラッグ＆ドロップは、次のように行いましょう。
①**Processingエディタと画像ファイルのフォルダを並べて表示する。**
②**フォルダで画像ファイルをクリックする。**
③**クリックしたまま、画像ファイルをProcessingエディタの上に移動する。**
④**マウスボタンを放す。**

リスト3-3-1

```
PImage gazo;
void setup(){
  size(600, 400);
  gazo = loadImage("catwalk_02.png");
}
void draw(){
  background(255);
  image(gazo, 0, 0);
}
```

指定した画像を読み込み、変数に代入

画像を入れる変数を宣言

画像を表示

図3-3-3

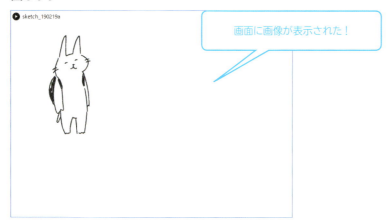

画面に画像が表示された！

●画像を入れる変数を宣言する

　リスト3-3-1の1行目では、次のように変数を宣言しています。

`PImage gazo;`

型を指定しているだけで、初期値の代入は行っていません。変数gazoの内容は、setup関数の中で代入します。

型には、**PImage**（ピーイメージ）が指定されています。これは画像を格納するための型と覚えておいてください。

> **注意**
> 画像の読み込みと変数への格納は一度実行すればよいため、setup関数で行います。

●画像を変数に格納する

リスト3-3-1のsetup関数の2行目を見てみましょう。

画面のサイズを決定したあと、変数gazoに画像を代入します。

```
gazo = loadImage("catwalk_02.png");
```

loadImage（ロードイメージ）関数は、引数として指定されたファイル名から画像を取得し、その画像を呼び出し側に返します。つまり、loadImageが取得した画像が、変数gazoに格納されます。

ここでは変数に格納しただけで、表示はしていないことに注意してください。

> **参照**
> 値を返す関数と返さない関数については、78ページを見てください。

> **意味は**
> loadは、日本語では「(荷物を)積み込む」「(データなどを)ロードする」、imageは、日本語では「画像」という意味です。

書式
loadImage(ファイル名);

役割
指定したファイル名から画像を取得する。

引数
ファイル名：画像のファイル名

●画像を表示する

リスト3-3-1のdraw関数の2行目を見てみましょう。

```
image(gazo, 0, 0);
```

setup関数では、変数gazoに画像を格納しただけでした。これを表示するために、**image**（イメージ）関数を使っています。

書式
image(画像, x座標, y座標);

役割
指定した座標に画像を表示する。

引数
画像：表示する画像
x座標：画像を表示する位置のx座標
y座標：画像を表示する位置のy座標

> **ポイント**
> これまで見たことがない関数が出てきたときには、その関数が何をするのか、引数として何を受け取るのかを想像するクセをつけてください。そうすると理解が早まるので、習慣にしましょう。

73

image関数には、表示する画像と表示位置の座標を指定します。ここでは、画像として変数gazoを指定しています。

耳の長いネコの画像がマウスについてくるプログラムを作ろう

では、これまで学んだことの復習もかねて、画像がマウスについてくるプログラムを作成しましょう。

そのためには、マウスの位置を示す座標に画像を表示します。マウスの位置を知る必要がありますね。mouseXとmouseYというシステム変数を覚えていますか？ これが使えそうです。

コードを見る前に、まずは自分で考えて書いてみましょう。頭ではわかっているつもりでも、書こうとするとなかなか手が進まないものです。実際に手を動かして「慣れていく」ということを意識して学習してください。

プログラムが書けたら実行してみましょう。

リスト3-3-2

```
PImage gazo;                          ← 画像を入れる変数gazouを宣言
void setup(){
  size(600, 400);
  gazo = loadImage("catwalk_02.png");  ← 変数gazoに画像を代入
}
void draw(){
  background(255);
  image(gazo, mouseX, mouseY);         ← マウスの位置に画像を表示
}
```

まとめ

　本節では、画像を画面に表示する方法を学びました。図形の描画や画像の表示は、Processingのプログラミングではよく行う処理なので、何度も練習しておきましょう。

3-4 「乱数」を使って画面の表示を変化させよう

クリックしたときに画面の色を変えるなど、画面の表示に変化を与えるときによく「乱数」を使います。ここでは乱数を使って画面の表示を変えるプログラムを作ってみましょう。

なぜ乱数を利用するのか

ゲームなどのプログラムでは、**乱数**をよく使います。

たとえば、時計の秒針は0から1ずつ進んで59になったら次は0に戻ります。一方、サイコロは振るたびに1～6のいずれかの数が出ます。次に何が出るかはわかりません。このように規則性がなく次を予測できないことをランダムといい、ランダムに生成される数を乱数といいます。

では、どのような場面で乱数を使うのでしょうか。たとえば、おみくじがわかりやすいでしょう。おみくじも、引いてみるまで何が出るかわかりません。おみくじゲームを作るなら、画面をクリックしたときに0～5の範囲で乱数を生成し、0なら大吉、1なら中吉、……のように画面に表示するといったしくみが必要になります。

> **注意**
> 「生成」とは、ものを新たに作り出すという意味です。

図3-4-1

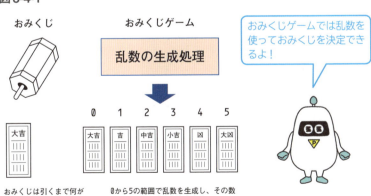

おみくじは引くまで何が出るかわからない

0から5の範囲で乱数を生成し、その数によっておみくじを決定する

おみくじゲームでは乱数を使っておみくじを決定できるよ！

ゲームのガチャなども乱数を使った代表的な機能です。
　この節では、乱数を生成して変数に保存し、その値を使って表示を変えるプログラムを作っていきましょう。

実行のたびに色が変わる円を表示するプログラムを作ろう

まずは、画面を黒で塗りつぶして白い円を描いてみましょう。

リスト3-4-1
```
void setup(){
  size(600, 400);
}
void draw(){
  background(0);      // 画面の背景を黒くする
  fill(255);          // 白い円を描く
  ellipse(300, 200, 100, 100);
}
```

図3-4-2

黒で塗りつぶした画面に白い円を表示

参照
色の指定は2-4節で行いましたね。33ページをもう一度確認してみましょう。

　このプログラムを修正して、実行するたびに円の色が変わるようにします。

リスト3-4-2

```
float c;
void setup(){
  size(600, 400);
  c = random(256);
}
void draw(){
  background(0);
  fill(c);
  ellipse(300, 200, 100, 100);
}
```

float型の変数cを宣言

random関数で乱数を生成して変数cに代入

変数cをfillに指定

プログラムを実行してみましょう。再生ボタンを押すたびに、円の色が変わります。

図3-4-3

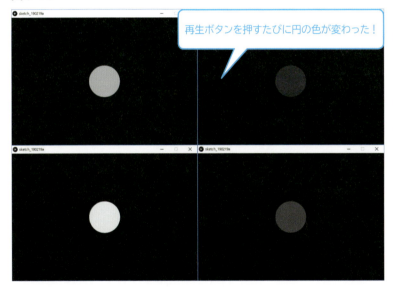

再生ボタンを押すたびに円の色が変わった！

リスト3-4-2では、1行目でfloat型の変数cを宣言しています。

`float c;`

乱数の生成にはrandom（ランダム）関数を使います。randomに数値を指定すると、0以上数値未満の範囲で乱数を生成してくれます。ここでは0～255の乱数を生成したいので、指定する値は256です。

`c = random(256);`

random関数は、生成した乱数を呼び出し側に返します。そのため、変数cと=をrandom関数の前に書くと、変数cにrandom関数

注意

リスト3-4-2でint型ではなくfloat型を使っているのは、関数によって返す値の型が決まっており、random関数はfloat型の値を返すからです。

意味は

randomは、日本語では「ランダムな」「順不同な」という意味です。

が返した乱数が代入されます。
　draw関数の中で、fill関数に変数cを指定しているため、円の色が変わります。

> **ポイント**
> リスト3-4-2でc =random(256);の次の行にprintln(c);を追加して、プログラムを実行してみましょう。生成される乱数がコンソール領域に表示されます。

値を返す関数と値を返さない関数

　ellipseやrectは図形を描く関数でした。また、fillやbackgroundは色を指定する関数でした。これらの関数は呼び出し側に値を返しません。

　一方、randomは、生成した乱数を返します。呼び出し側に値を返す関数です。そのため、呼び出すときには、返された値を入れる変数が必要になります。

```
random(256);
c = random(256);
```

> 返された乱数を変数に保存していないので意味がない
> 乱数を変数cに代入している

　初心者の場合、random関数のように値を返す変数を使ったのに、変数に代入し忘れるミスがよくあります。randomをはじめ、値を返す関数は値を代入する変数とセットで使うことを覚えておきましょう。

　なお、関数が呼び出し側に返す値を「**戻り値**（もどりち）」といいます。関数によって戻り値の型が決まっているため、同じ型で戻り値を代入する変数を宣言しておきます。

> **注意**
> 戻り値は、「返り値（かえりち）」と呼ばれることもあります。

書式
```
random(最大値);
```
役割
　0以上最大値未満の範囲で乱数を生成して返す。
戻り値
　float型
引数
　最大値：生成する乱数の範囲の最大値（0以上最大値未満の乱数を生成）

実行のたびに色がカラフルに変わる円を表示するプログラムを作ろう

　リスト3-4-2は、円の色が黒か白、またはその間の灰色にしか変化しませんでした。これを修正して、円がもっとカラフルに変化するようにしましょう。

リスト3-4-3

```
float r;
float g;             ← 赤、緑、青の乱数を代入する変数を宣言
float b;
void setup(){
  size(600, 400);
  r = random(256);
  g = random(256);   ← 赤、緑、青の乱数を生成して変数に代入
  b = random(256);
}
void draw(){
  background(0);
  fill(r, g, b);     ← 赤、緑、青の乱数により色を指定
  ellipse(300, 200, 100, 100);
}
```

図3-4-4

円の色がカラフルに変わった！

リスト3-4-2では変数cだけを使いましたが、リスト3-4-3ではr、g、bという3つの変数を使います。それぞれに0～255の乱数を生成して代入し、fillに渡して、光の三原色による色指定を行っています。

参照

光の三原色とfill関数に3つの引数を指定する方法については、35ページを見てください。

クリックするたびに円の色がランダムに変化するプログラムを作ろう

再生ボタンを押すたびに円の色が変化するプログラムを作りました。今度は、マウスが画面をクリックするたびに円の色が変化するように修正してみましょう。

●mousePressed関数を利用する

先ほどは、再生ボタンを押すとsetup関数が呼び出されるため、setup関数で乱数を生成していました。したがって、今度はマウスがクリックされたタイミングで乱数を生成すればよいと想像できます。

では、「マウスのクリック」という動作をどのように知ることができるのでしょうか。それを可能にするのが、mousePressed関数です。

```
void mousePressed(){

}
```

ここにマウスがクリックされたときに実行する処理を書く

> **意味は**
> pressは日本語では「押す」、pressedは「押された」という意味です。

mousePressedは、マウスがクリックされたときに呼び出される関数です。そのため、mousePressedを定義し、その中にマウスがクリックされたときに実行する処理を書いておきます。setupやdrawに似ていますね。

mousePressed関数がどのように実行されるか確認しましょう。

リスト3-4-4

```
void setup(){
  size(600, 400);
}
void draw(){
  background(0);
}
void mousePressed(){
  println("Click!");
}
```

マウスがクリックされたときにコンソール領域に"Click!"と表示

> **意味は**
> clickは、日本語では「(マウスを)クリック(する)」という意味です。

図3-4-5

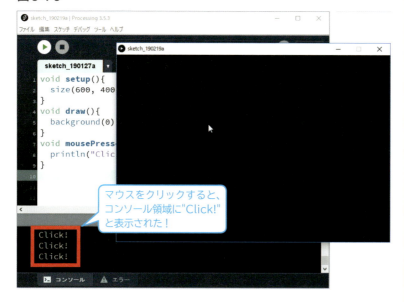

プログラムを実行し、画面をマウスでクリックすると、コンソール領域に「Click!」と表示されます。

注意
文字列をコンソール領域に表示する場合は、`println`関数の引数に"(半角のダブルクォーテーション)で囲んで指定します。

> **Column　なぜコンソール領域に表示するの？**
>
> 　画面ではなく、コンソール領域に表示するのはなぜだろうと疑問に思った人がいるかもしれません。今回表示したメッセージは`mousePressed`関数がどのように実行されるかを確認するためのものです。このように確認のためのメッセージは、画面に表示するとほかの図形や画像の中に埋もれてしまい、見にくくなってしまいます。プログラムのテストやデバッグ（間違いを直すための確認作業）を行うときには、`println`関数でコンソール領域に表示することをお勧めします。

● `mousePressed`関数で乱数を生成する

　リスト3-4-4で、マウスをクリックするたびに「Click!」と表示されることを確認しました。続いて、クリックするたびに円の色が変わるように**リスト3-4-3**を修正してみましょう。

　`mousePressed`関数を作り、その中に処理を書いていきます。そうです。`setup`関数にある乱数を生成する処理を、`mousePressed`にも書けばOKです。

　リスト3-4-5を実行し、画面をマウスでクリックして、円の色が変わることを確認しましょう。

リスト3-4-5
```
float r;
float g;
float b;
void setup(){
  size(600, 400);
  r = random(256);
  g = random(256);
  b = random(256);
}
void draw(){
  background(0);
  fill(r, g, b);
  ellipse(300, 200, 100, 100);
}
void mousePressed(){
  r = random(256);
  g = random(256);
  b = random(256);
}
```

マウスがクリックされたときにも赤、緑、青の乱数を生成して変数に代入

初心者あるある問題〜変数のスコープ

次のプログラムには、初心者にはありがちな間違いが潜んでいます。探してみましょう。

リスト3-4-6
```
float r;
float g;
float b;
void setup(){
  size(600, 400);
  r = random(256);
  g = random(256);
  b = random(256);
}
void draw(){
  background(0);
```

```
    fill(r, g, b);
    ellipse(300, 200, 100, 100);
}
void mousePressed(){
    float r = random(256);
    float g = random(256);
    float b = random(256);
}
```

実はmousePressed関数の中に間違いが……

mousePressed関数内の記述に間違いがあります。**リスト3-4-5**と何が変わったかわかりますか？

● ローカル変数とグローバル変数の違い

　3つの変数の前に、`float`型が指定されています。そう、3つの変数を宣言し、`random`関数の戻り値で初期化しているのです。この記述はエラーにはなりませんが、プログラムを実行してマウスで画面をクリックしても色が変わらず、思ったとおりの動きにはなりません。

　`mousePressed`関数の中で宣言した変数r、g、bは、`mousePressed`関数の中でのみ利用できる変数になります。このような変数を「<u>ローカル変数</u>」と呼びます。

　一方、`setup`関数の上に書いた3つの変数は「<u>グローバル変数</u>」といい、プログラム内のすべての処理で共有する変数になります。

　リスト3-4-6ではグローバル変数r、g、bが存在していたにもかかわらず、`mousePressed`関数内で同じ名前のローカル変数を宣言して乱数を代入しています。マウスがクリックされるたびにローカル変数に乱数が設定されますが、ほかの関数ではグローバル変数を使っているため、円の色は変わらないというわけです。

　変数を使用できる範囲のことを「<u>変数のスコープ</u>」といいます。

● ローカル変数の寿命は短い

　ローカル変数は、処理が終わると自動的に破棄(はき)されます。

　画面に1、2、3、4、……と数を順に表示するプログラムを作ってみましょう。

　`draw`関数では、`int`型の変数xを宣言し、1を足してtext(テキスト)関数で表示します。`draw`関数は1秒間に約60回実行されるので、ものすごいスピードで数が1つずつ増えていきそうですが、**リスト3-4-7**を実行すると、画面に1と表示されたまま変化しません。

注意
ローカルは「地方の」「同一区内の」といった意味で、グローバルは「世界的な」といった意味があります。

注意
スコープには、「範囲」という意味があります。

リスト3-4-7

```
void setup(){
  size(600, 400);
}
void draw(){
  background(0);
  int x = 0;
  x = x + 1;
  text(x, 300, 200);
}
```

　これは、変数xはdraw関数が終了するときに破棄され、次にdraw関数が呼び出されたときには新たに変数xが宣言され、0が代入されてしまうからです。

　リスト3-4-7を修正するには、変数xをグローバル変数として宣言する必要があります。

リスト3-4-8

```
int x = 0;
void setup(){
  size(600, 400);
}
void draw(){
  background(0);
  // int x = 0;
  x = x + 1;
  text(x, 300, 200);
}
```

ここで宣言するとグローバル変数になる

ローカル変数になるため、drawの中では宣言しない

ポイント
リスト3-4-8を実行して、画面に表示される数が1つずつ増えることを確認しましょう。

まとめ

　本節では、乱数を利用して画面の表示を変える方法を説明しました。説明を読むと難しく思えても、プログラムを実行してみると、乱数がどのようなものかがわかってきます。乱数を利用するテクニックはよく使うので、覚えておきましょう。

　さあ、Processingプログラミングの基本を学ぶ道はまだ続きます。がんばりましょう。

3-5

課題 マウスにクマの絵がついてくるプログラムを作ろう

これまでに、関数、変数、乱数などについて学び、画面上で図形や画像を動かしたり、表示を変化させたりするプログラムを作ってきました。ここでは、これまで学習してきた内容の理解度をチェックするために、クマの絵を動かすプログラムを作ってみましょう。

クマの絵を動かすためのヒント

第2章の課題として、図形を使ってクマの絵を描いてみました。49ページの**リスト2-5-7**を、クマの絵がマウスについてくるように修正してみましょう。

修正する手順は次のとおりです。

①setup関数とdraw関数を使うように修正する。
②変数を使って座標を指定する。

まずは自分で考えてプログラムを修正してみましょう。

setup関数とdraw関数を使う

まず、setup関数とdraw関数を使うように修正します。

リスト3-5-1
```
void setup(){
  size(600, 400);          ← setupで画面のサイズを指定
}
void draw(){
  background(255);
  fill(#8B4513);           ← drawでクマの絵を描く

  ellipse(210, 150, 80, 80);  ← 耳を描く
```

```
    ellipse(370, 150, 80, 80);

    ellipse(290, 200, 200, 180);     ← 顔の輪郭を描く

    ellipse(210, 280, 80, 50);       ← 手を描く
    ellipse(370, 280, 80, 50);

    fill(0);
    ellipse(250, 200, 20, 30);       ← 目を描く
    ellipse(330, 200, 20, 30);

    fill(#CD853F);
    ellipse(290, 240, 100, 80);      ← 口周りを描く

    fill(0);
    triangle(270, 220, 310, 220, 290, 240);  ← 鼻を描く
}
```

setup関数では画面のサイズを指定し、draw関数ではクマの絵を描きます。また、背景を白くするためにbackground(255);を追加しています。

実行すると、次のように表示されます。

図3-5-1

変数を使って座標を指定する

　クマの絵がマウスの位置についていくようにするには、マウスの位置の座標をもとにクマの絵を描く位置を変更する必要があります。そのために、マウスの位置のx座標とy座標を保存する変数xとyを利用します。

　まず、変数xとyをグローバル変数として宣言します。

　クマの絵を構成する図形を描くときには、座標に変数xとyの値を足して指定します。

　そして、draw関数の中で、数xとyにマウスの位置の座標を代入します。

> **参照**
> システム変数mouseXとmouseYについては、55ページを見てください。

リスト3-5-2

```
int x = 0;           ← 変数xと変数yを宣言
int y = 0;
void setup(){
  size(600, 400);
}
void draw(){
  background(255);

  x = mouseX;        ← 変数xと変数yにマウスの位置の座標を代入
  y = mouseY;

  fill(#8B4513);

  ellipse(x + 210, y + 150, 80, 80);   ← 耳を描く
  ellipse(x + 370, y + 150, 80, 80);

  ellipse(x + 290, y + 200, 200, 180); ← 顔の輪郭を描く

  ellipse(x + 210, y + 280, 80, 50);   ← 手を描く
  ellipse(x + 370, y + 280, 80, 50);

  fill(0);
  ellipse(x + 250, y + 200, 20, 30);   ← 目を描く
  ellipse(x + 330, y + 200, 20, 30);
```

```
  fill(#CD853F);
  ellipse(x + 290, y + 240, 100, 80);    ← 口周りを描く

  fill(0);                                ← 鼻を描く
  triangle(x + 270, y + 220, x + 310, y + 220, x + 290, y + 240);
}
```

プログラムを実行してみましょう。

図 3-5-2

クマの絵がマウスについて動くようになった！

クマの絵の表示位置を調整する

　これでクマがマウスについて動くようになりました。しかしよく見ると、マウスの位置とクマの位置がちょっと離れすぎていますね。
　プログラミングでは、アイデアや発想力が重要になってきます。変数xとyにマウスの位置の座標をそのまま代入していましたが、マウスと離れすぎているので、位置が近くなるように座標の値を調整しましょう。

```
x = mouseX - 300;
y = mouseY - 200;
```

　変数の値を変更することで、マウスの位置とクマの位置が調整できるようになりました。**意外に感覚的と思われるかもしれませんが、このようにアイデアひとつでプログラミングの効率がアップ**します。

図 3-5-3

まとめ

　これまで学習してきたことを活用して、第2章で作成したクマの絵を動かすことができました。「変数を使うと絵を動かすことができる」という言葉の意味を実感できたことでしょう。
　次章では、Processing プログラミングの基本をさらに学びながら、より複雑な動きをプログラミングしていきましょう。

第3章　Processing プログラミングの基本——関数、変数、画像表示、乱数

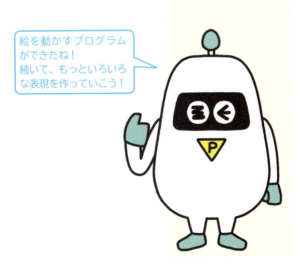

第4章 Processing プログラミングの基本
——条件分岐、繰り返し

続いては、条件分岐だ。

分岐って「道が分かれる」という意味だよね。

プログラムのコードが分かれるの？

条件を付けて「もし○○なら□□をする」をコードで書くんだ。

「明日が晴れなら遊びに行く！」だね。

「雨が降るまで毎日遊びに行く！」は？

それは繰り返し処理だね。

- 4-1 条件分岐を理解しよう
- 4-2 画像のアニメーションを作ろう
- 4-3 条件分岐を使って「当たり判定」を行おう
- 4-4 繰り返し処理を理解しよう
- 4-5 関数を自分で定義しよう
- 4-6 まとめチュートリアル 間違い探しゲームを作ろう

4-1 条件分岐を理解しよう

ここではプログラミングで多用する「条件分岐」について学びましょう。

if ～もし○○なら□□をする

プログラミングの世界では**条件分岐**が多用されます。条件分岐とは、「ボールがもし壁にぶつかったら跳ね返る」や「もしアイテムをもっていたら次の街に入れる」といった、「**もし○○なら□□をする**」を実現する文法です。

条件分岐はプログラミングを学習していくうえでは避けては通れません。しっかりと理解しましょう。

条件分岐には、**if**文を使います。

> **意味は**
> ifは、日本語では「もし」という意味です。英語では仮定の文を作るために使われます。

リスト4-1-1
```
int x = 1;

if(x == 1){
    println("xは1です。");
}
```
- Ifに続くカッコ内には条件式を書く
- {と}の間には条件が「真」のときの処理を書く

これは、変数xの内容が1かどうかを判定し、1の場合にコンソール領域にメッセージを表示するという条件分岐の例です。

if文は次のように記述します。

図4-1-1
```
if(条件式){
    ここに条件式が真のときの処理を書く
}
```

if文の書き方を覚えよう！

ifに続くカッコ内に書く**条件式**とは、「○○かどうか」という条件を判定する式のことです。条件式は、判定結果として真(**true**)または偽(**false**)を返します。真とか偽と言うと難しく感じられるかもしれませんが、ここでは**真は「そうだよ」、偽は「そうじゃないよ」**くらいの意味だと思えばよいでしょう。

リスト4-1-1では、条件式として「x == 1」が指定されています。**=** を2つ並べた**==**は**等価演算子**といい、演算子の左側と右側にある変数や値などが等しいかどうかを判定します。**「x == 1」は、変数xの値が1と等しければtrue、等しくなければfalse**を返します。

「もし○○なら」、すなわち条件式がtrueを返したときに実行する処理は**{**と**}**の間に記述します。

意味は
trueは日本語では「本当の」「真の」、falseは「正しくない」「偽の」という意味です。

参照
条件式が返す値を真偽値といい、**boolean**型になります。booleanについては、64ページを見てください。

図4-1-2

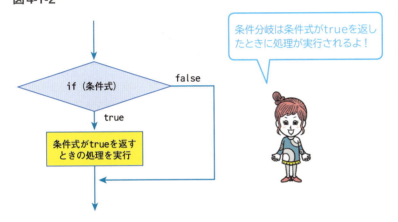

リスト4-1-1では、変数xが1の場合にコンソール領域にメッセージを表示します。実行して確認してみましょう。

図 4-1-3

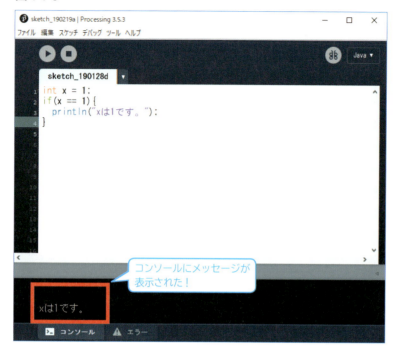

コンソールにメッセージが表示された！

注意
条件式として「x = 1」と書くとエラーになります。=が1つの場合は、変数に値を入れる代入演算子になります。混同しないように注意しましょう。

比較演算子を使って条件式を書く

条件式は、==のほかにもさまざまな演算子を利用できます。

リスト 4-1-2

```
int x = 1;
if(x == 1){
    println("xは1です。");
}
if(x >= 1){                    変数xは1以上か
    println("xは1以上です。");
}
if(x > 1){                     変数xは1より大きいか
    println("xは1より大きいです。1は含まれません。");
}
if(x <= 0){                    変数xは0以下か
    println("xは0以下です。0は含まれます。");
}
if(x < 0){                     変数xは0より小さいか
    println("xは0未満です。0は含まれません。");
```

```
}
```

図4-1-4

ifに続くカッコの中に注目してください。変数xが1以上か、1より大きいかなどの条件式を書いています。このように、2つの値を比較する演算子を、**比較演算子**といいます。

表4-1-1

比較演算子	使い方
>=	a >= b：aはb以上か
>	a > b：aはbより大きいか
<=	a <= b：aはb以下か
<	a < b：aはbより小さいか

注意

値が等しいかどうか比べる等価演算子である==も比較演算子の1つです。また、比較演算子には、等価演算子とは逆に2つの変数や値が「等しくない」ことを判定する不等価演算子もあります。「a != b」と書くと、「aはbと等しくないか」を判定できます。

比較演算子のうち、「>（大なり）」「<（小なり）」は算数でもよく使うのでわかりやすいでしょう。「>=」「<=」は少しややこしいかもしれません。それぞれ**「以上」「以下」という意味になりますが、=の位置を間違えて、「=>」や「=<」と書いてしまうとエラー**になります。位置には気をつけましょう。

左右に動く円を描くプログラムを作ろう

条件分岐を使うと、本格的なプログラミングができるようになっていきます。

最初は、左右に動く円を描くプログラムを作ってみましょう。

● 円が左から右に動いて消える

まず左から右に円が動くプログラムを作ります。円の直径は100とします。

リスト4-1-3
```
int x = 0;
void setup(){
  size(600, 400);
}
void draw(){
  background(0);
  x = x + 1;          // 円の中心のx座標を1増やす
  ellipse(x, 200, 100, 100);  // 円を描く
}
```

図4-1-5

リスト4-1-3を実行すると、円はどこまでも右に移動して画面から消えてしまいます。

●円が左から右に動いて右端で止まる

　ここに「もし右端まで移動したら止まる」という条件分岐を追加してみましょう。

リスト4-1-4
```
int x = 0;
void setup(){
   size(600, 400);
}
void draw(){
   background(0);
   x = x + 1;
   if(x > 550){
      x = 550;
   }
   ellipse(x, 200, 100, 100);
}
```

変数xが550より大きい＝円が右端まで移動した

変数xに550を代入

図4-1-6

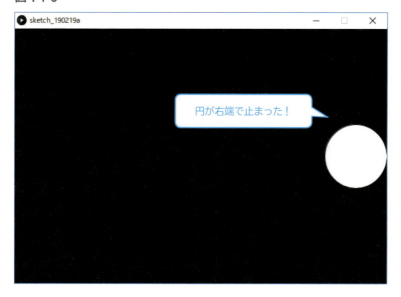

　条件分岐を追加しました。これで円が右端にくると止まります。
　リスト4-1-4のifのカッコには、「x > 550」という条件式を書いています。550という数値は、「画面の横幅−円の半径」という計算から導き出しています。円の直径は100なので、半径は50。画面の横幅は600にしているので、「600−50＝550」となります。

もし変数xが550を超えたら、変数xに550を代入します。これにより、円が右端の位置に描かれるため、止まって見えるのです。

> **Column　あらゆるものを変数にしよう**
>
> 　リスト4-1-4では、右端についたことを判定するために、550という数値を直接書きました。しかしこれでは、もし円の直径や画面のサイズを変えたら、条件分岐の条件式にある550という数値を再調整して、この数値を記述している箇所をすべて変更しなくてはなりません。
>
> 　あとで変更される可能性を考え、あらゆるものを変数にしておくことを覚えておくとよいでしょう。次に、半径を変数に保存しておき、widthというシステム変数を使って、条件式を記述する例を示します。
>
> リスト4-1-5
> ```
> int x = 0;
> int hankei = 50;      ← 円の半径の変数を宣言し、50を代入
> void setup(){
>   size(600, 400);
> }
> void draw(){
>   background(0);
>   x = x + 1;
>   if(x > width - hankei){     ← システム変数width（画面の横幅）とhankeiで条件式を記述
>     x = width - hankei;
>   }
>   ellipse(x, 200, hankei * 2, hankei * 2);   ← 直径を指定するためにhankeiに2を掛ける
> }
> ```
>
> 　このように変数にしておくと、円の半径の値が変更になっても、変更するのは1行だけで済みます。

●端についたら反対側に向かって動く

　次は、右端についたら左に動き出し、左端についたらまた右に動き出すプログラムを作っていきます。「もし右端についたら」という条件分岐は先ほど追加しました。残る問題は2つです。

　1つ目は、「動く向きをどう変えるか」です。これまでは、変数xに1を足すと右に動いていました。ならば、変数xから1を引く、つまり

参照
システム変数については、67ページを見てください。

xに「-1」を足せばよさそうです。

2つ目は、「もし左端についたら」という条件分岐です。左端のx座標は0なので「if(x < 0)」という条件式でよさそうですが、これでは不十分です。この条件式では、円の半分が左にはみ出してしまいます。これを防ぐためには、「if(x < 半径)」という条件式がよさそうです。

リスト4-1-6

```
int x = 0;
int hankei = 50;              ← 円の半径の変数を宣言し、50を代入
int houkou = 1;               ← 方向を決める変数を宣言し、1を代入
void setup(){
  size(600, 400);
}
void draw(){
  background(0);
  x = x + houkou;
  if(x > width - hankei){     ← 右端についたら
    houkou = -1;              ← 動く方向を左向きに
  }
  if(x < 0 + hankei){         ← 左端についたら
    houkou = 1;               ← 動く方向を右向きに
  }
  ellipse(x, 200, hankei * 2, hankei * 2);
}
```

図4-1-7

円が端についたら反対方向に動く！

キーボードで円を動かすプログラムを作ろう

条件分岐を使って、さらに動きのあるプログラムを作りましょう。

これまで円が自動で動き、端についたら反対側に折り返すプログラムを作ってきました。自動で動くだけでもおもしろいですが、自分で操作できるとよりおもしろいですね。

ここでは、パソコンのキーボードを使って円を自分で動かせるようにしていきます。

●keyPressed関数を利用する

キーボードのキーを押したときに円が動くようにするには、「キーを押す」動作を検知できるようにしなければなりません。ここではそのために、keyPressed（キープレスト）関数を使います。

```
void keyPressed(){

}
```
ここにキーが押されたときに実行する処理を書く

キーボードのキーが押されると、keyPressed関数が呼び出され、{と}の間の処理が実行されます。マウスのクリックを検知するmousePressed（マウスプレスト）関数と似ていますね。

keyPressed関数は、キーボードのどのキーが押されても呼び出されます。そのため、特定のキーが押されたときにのみ処理を実行するには、どのキーが押されたかを条件式で判定する必要があります。

意味は
pressedは、日本語では「押された」という意味でした。

参照
mousePressed関数については、80ページを見てください。

●キーコードを利用する

どのキーが押されたかは「keyCode（キーコード）」といシステム変数で取得できます。試しに、keyCodeをコンソール領域に表示してみましょう。

リスト4-1-7
```
void setup(){
  size(600, 400);
}
void draw(){
  background(0);
}
void keyPressed(){
  println(keyCode);
}
```
キーが押されたときに呼び出される
キーコードを表示

図 4-1-8

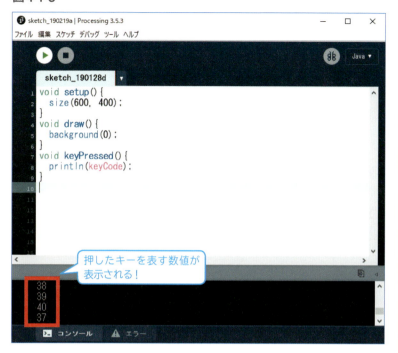

押したキーを表す数値が表示される！

リスト4-1-7を実行し、キーボードの→キーや←キーを押してみてください。コンソールに「39」や「37」などの数値が表示されます。これは、キーボード上のキーに割り当てられた**キーコード**であり、keyCodeで取得した数値です。キーコードを使い、どのキーが押されたかを条件式で判定します。

● システム定数を利用する

ただし、キーコードは数値であるため、すぐにどのキーが押されたかがわかりません。

そこで使えるのが「**システム定数**」です。Processingではあらかじめ、「LEFT」や「UP」などのキーを表す定数が定義されています。

「**定数**」は変数と同様に値を保存しますが、変数とは違い、その値は変更できません。mouseXやmouseYなどのシステム変数は、マウスの位置が変わるたびにその内容は変化しますが、キーコードのように変わることのない値は定数として定義されています。

ポイント
LEFT：←キー
RIGHT：→キー
UP：↑キー
DOWN：↓キー

リスト4-1-8

```
void setup(){
  size(600, 400);
}
```

```
void draw(){
  background(0);
}
void keyPressed(){
  if(keyCode == LEFT){          ←キーが押されたか
    println("左が押されました。");
  }
  if(keyCode == UP){            ↑キーが押されたか
    println("上が押されました。");
  }
  if(keyCode == RIGHT){         →キーが押されたか
    println("右が押されました。");
  }
  if(keyCode == DOWN){          ↓キーが押されたか
    println("下が押されました。");
  }
}
```

　リスト4-1-8を実行してみましょう。矢印キーを押すと、コンソール領域にメッセージが表示されます。

　ここで注意してほしいことは、「LEFT」や「UP」は文字列ではなく変数の仲間であることです。もし次のように、"（ダブルクォーテーション）で囲むと文字列として判断されるため、条件分岐は思ったように動作しません。

```
if(keyCode == "LEFT"){          文字列として判断されるため、
  println("左が押されました。");   ←キーを検知できない
}
```

● 押されたキーの方向に円を動かす

　キーボードのキーを判定できるようになったので、これを利用して円を動かしてみましょう。

図4-1-9

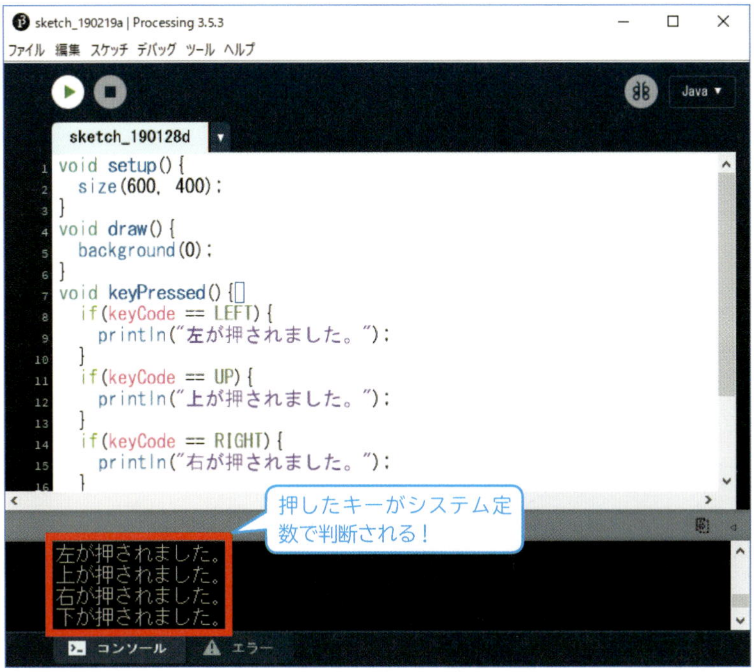

```
void setup() {
  size(600, 400);
}
void draw() {
  background(0);
}
void keyPressed() {
  if(keyCode == LEFT) {
    println("左が押されました。");
  }
  if(keyCode == UP) {
    println("上が押されました。");
  }
  if(keyCode == RIGHT) {
    println("右が押されました。");
  }
```

押したキーがシステム定数で判断される！

```
左が押されました。
上が押されました。
右が押されました。
下が押されました。
```

リスト4-1-9

```
int x = 0;
int y = 0;
void setup(){
  size(600, 400);
  x = width / 2;
  y = height / 2;
}
void draw(){
  background(0);
  ellipse(x, y, 50, 50);
}
void keyPressed(){
  if(keyCode == LEFT){
    x = x - 1;
  }
  if(keyCode == UP){
    y = y - 1;
  }
  if(keyCode == RIGHT){
```

最初に円を画面の中央に配置するために、システム変数のwidthとheightを利用

←が押されたら左に移動

↑が押されたら上に移動

→が押されたら右に移動

```
    x = x + 1;
  }
  if(keyCode == DOWN){        ←[↓]が押されたら下に移動
    y = y + 1;
  }
}
```

図4-1-10

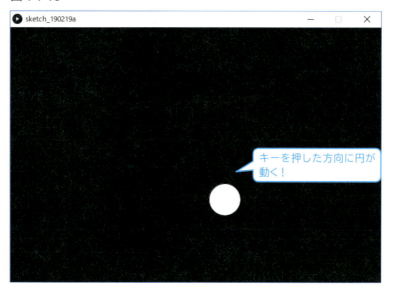

キーを押した方向に円が動く！

● 円が動く速度を調整する

矢印キーで円を動かせるようになりましたか？ しかし、ちょっと動きが遅いですね。動きを速くするにはどうしたらよいでしょうか。

リスト4-1-9では、変数xとyに1を足したり引いたりすることで円の位置を動かしていましたが、1からもっと大きな数値にするとよさそうです。こういった数値も変数にしておくと便利です。

たとえば、移動量を示す変数speed を用意してみましょう。

意味は
speedは日本語で「速さ」を表します。

リスト4-1-10
```
int x = 0;
int y = 0;
int speed = 20;              ←変数speedを宣言し、20で初期化
void setup(){
  size(600, 400);
  x = width / 2;             ←最初に円を画面の中央に配置するために、
  y = height / 2;              システム変数のwidthとheightを利用
```

```
}
void draw(){
  background(0);
  ellipse(x, y, 50, 50);
}
void keyPressed(){
  if(keyCode == LEFT){
    x = x - speed;    ← ←が押されたら左に移動
  }
  if(keyCode == UP){
    y = y - speed;    ← ↑が押されたら上に移動
  }
  if(keyCode == RIGHT){
    x = x + speed;    ← →が押されたら右に移動
  }
  if(keyCode == DOWN){
    y = y + speed;    ← ↓が押されたら下に移動
  }
}
```

リスト4-1-10を実行して、円の動く速度を確認してみましょう。

円の動きがちょっと速いかなと思ったら、変数speedの値を調整すれば、修正は1ヵ所で済みます。このように変数はとても便利なので、積極的に活用しましょう。

まとめ

本節では、条件分岐を使って複雑な動きをする円を描くプログラムを作ってみました。条件分岐の使い方が理解できたと思います。このように、条件分岐を使うだけで複雑な処理ができるようになります。どのようなプログラミング言語でも条件分岐を使います。条件分岐の考え方をしっかりと理解しましょう。

4-2

画像のアニメーションを作ろう

アクションゲームなどでは、キャラクターを動かし、歩く動作をさせてアニメーションにします。アニメーションがあるとぐっと作品のクオリティが上がります。ここでは条件分岐を使って画像(がぞう)のアニメーションを作る方法を学んでいきます。

アニメーションの基本と画像の準備

　アニメーションは、パラパラマンガと同じ原理です。単純に2枚以上の画像を用意し、順番に表示していくことでアニメーションを作ります。

　まずは画像を用意しましょう。今回は次の画像を使います。

図4-2-1

「耳の長いネコ」の画像を3つ使うよ！
ウサギではなくネコだよ！

参照
ここで使用する画像は、技術評論社のWebサイトからダウンロードできます。ダウンロードの方法については、12ページを見てください。

　画像ファイルをProcessingエディタにドラッグ＆ドロップします。**catwalk_01.png**、**catwalk_02.png**、**catwalk_03.png**の3つです。この3つの画像を使って、ネコを歩かせます。

参照
画像のドラッグ＆ドロップの方法については、72ページを見てください。

ネコが歩くアニメーションを作ろう

　早速、プログラミングしていきましょう。3つの画像が必要なので、第3章で使った**PImage**(ピーイメージ)型の変数を3つ宣言します。また、処理の

回数を保存するint型の変数countを宣言します。

setup関数でそれぞれの画像を読み込んで変数に保存します。

draw関数では、処理が実行されるたびに変数countに1を足します。int型のローカル変数bangoを用意して、変数countを3で割った余りを保存し、この値によって条件分岐を行い、どの画像を表示するかを決定しています。

変数countを3で割った余りなので、変数bangoは、0、1、2、0、1、2、……のように0〜2の範囲で変わります。

リスト4-2-1

```
PImage walk_01;          ← 画像を保存するPImage型の変
PImage walk_02;            数を宣言
PImage walk_03;
int count = 0;           ← 処理の回数を保存する変数
                            countを宣言
void setup(){
  size(600, 400);
  walk_01 = loadImage("catwalk_01.png");
  walk_02 = loadImage("catwalk_02.png");  ← loadImage関数で変数に画像
  walk_03 = loadImage("catwalk_03.png");    を読み込む
}
void draw(){
  background(255);
  count = count + 1;
  int bango = count % 3;   ← 変数countを3で割った余りを
                              変数bangoに保存
  if(bango == 0){          ← 変数bangoが0の場合は1つ目
    image(walk_01, 0, 0);     の画像を表示
  }
  if(bango == 1){          ← 変数bangoが1の場合は2つ目
    image(walk_02, 0, 0);     の画像を表示
  }
  if(bango == 2){          ← 変数bangoが2の場合は3つ目
    image(walk_03, 0, 0);     の画像を表示
  }
}
```

リスト4-2-1を実行してみると、ネコが猛スピードで歩いてしまいます。もっとゆったりと歩くアニメーションにするにはどうしたらよいでしょうか。

たとえば、変数 count に、draw 関数が実行されるたびに1ずつ足すのではなく、draw 関数が10回実行されたら1を足すようにするとよさそうです。でも、ここではもっと簡単な方法を使います。

`int bango = count / 10 % 3;`

変数 bango を求める処理を、count % 3 から count / 10 % 3 に変更します。変数 count を10で割ることで、変数 count が10増えないと変数 bango も変わらないようになり、ネコもゆったりと歩くようになります。

このように計算のテクニックを使うことで簡単に解決できる場合もあります。プログラミングで行き詰まったら、計算でどうにかならないか頭を柔かくして考えてみるとよいでしょう。

> **ポイント**
>
> プログラミングでは、計算を使ったテクニックをよく使います。たとえば、変数に保存された整数が偶数か奇数かを調べたい場合、変数を2で割り、余りが0なら偶数、1なら奇数と判断することができます。

図 4-2-2

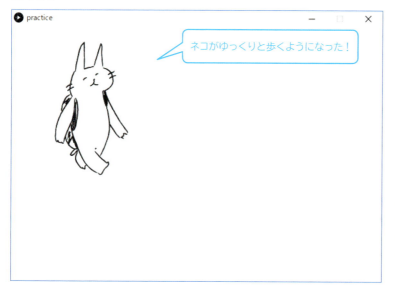

ネコが自然に歩くように アニメーションを修正しよう

ネコの3つの画像はそれぞれ、「右足を出す」「直立」「左足を出す」という画像です。この3つの画像を連続的に表示していますが、「左足を出す」画像のあとに最初に戻り、「右足を出す」画像の前に「直立」の画像を表示するほうが歩き方としては自然だと思いませんか？

では、「左足を出す」画像のあとに「直立」の画像を入れてあげましょう。

リスト4-2-2

```
PImage walk_01;
PImage walk_02;
PImage walk_03;
int count = 0;
void setup(){
  size(600, 400);
  walk_01 = loadImage("catwalk_01.png");
  walk_02 = loadImage("catwalk_02.png");
  walk_03 = loadImage("catwalk_03.png");
}
void draw(){
  background(255);
  count = count + 1;
  int bango = count / 10 % 4;
  if(bango == 0){
     image(walk_01, 0, 0);
  }
  if(bango == 1){
     image(walk_02, 0, 0);
  }
  if(bango == 2){
     image(walk_03, 0, 0);
  }
  if(bango == 3){
     image(walk_02, 0, 0);
  }
}
```

- 画像を保存するPImage型の変数を宣言
- 処理の回数を保存する変数countを宣言
- loadImage関数で変数に画像を読み込む
- 変数countを4で割った余りを変数bangoに保存
- 変数bangoが0の場合は1つ目の画像を表示
- 変数bangoが1の場合は2つ目の画像を表示
- 変数bangoが2の場合は3つ目の画像を表示
- 変数bangoが3の場合は2つ目の画像を表示

これでネコが自然に歩くようになりました。

図 4-2-3

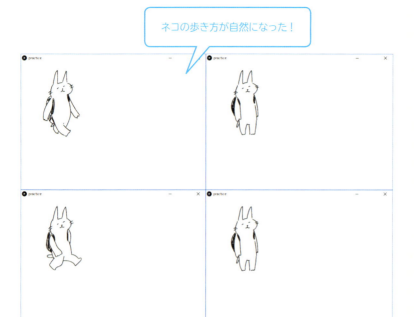

ネコの歩き方が自然になった！

> **まとめ**
>
> 　本節では、条件分岐を使って、画像のアニメーションを作ってみました。条件分岐を使うことで、さまざまな処理を実行できることが理解できたはずです。
> 　続いて、条件分岐の活用例をもう1つ紹介しましょう。

条件分岐を活用すれば、こんなに簡単にアニメーションが作れるんだね！

4-3 条件分岐を使って「当たり判定」を行おう

プログラミングでよく行う「当たり判定」でも条件分岐を使います。ここでは、簡単な例を紹介しましょう。

「画面がクリックされたら」～当たり判定

　3-4節では、クリックしたら円の色が変わるプログラムを作成しました。このように、「画面上の図形や画像をクリックしたら、それを検知し、何かを行う」という処理は、プログラミングではよく使います。「画面がクリックされたかどうか」を判定することを、**当たり判定**といいます。

> **参照**
> 画面をクリックしたら円の色が変わるプログラムについては、80ページを見てください。

マウスを四角形の上に置いたら色が変わるプログラムを作ろう

　当たり判定を使った例として、マウスを四角形の上に置いたら四角形の色が変わるプログラムを作ってみましょう。

リスト4-3-1

```
int x = 100;
int y = 100;
int w = 50;
int h = 50;
void setup(){
  size(600, 400);
}
void draw(){
  background(0);
  fill(255, 255, 255);
  if(mouseX >= x && mouseX <= x + w){
    if(mouseY >= y && mouseY <= y + h){
```

- 四角形の左上角のx座標(x)、y座標(y)、四角形の横幅(w)、縦幅(h)を保存する変数を宣言
- 四角形を白に
- マウスの位置のx座標が四角形のx座標＋横幅の範囲内にあるか
- マウスの位置のy座標が四角形のy座標＋縦幅の範囲内にあるか

```
      fill(255, 0, 0);
    }
  }
  rect(x, y, w, h);
}
```
　　　　　　　　　　　　　　　　　　　四角形を赤に

　マウスが四角形の上に置かれたことを判定するために、四角形の左上角のx座標（x）、y座標（y）、四角形の横幅（w）、縦幅（h）を保存する変数を宣言します。マウスの位置の座標を示すシステム変数mouseXが四角形のx座標からx座標＋横幅までの範囲内にあるかどうか（①）、範囲内にある場合にシステム変数mouseYが四角形のy座標からy座標＋縦幅までの範囲内になるかどうか（②）で、マウスが四角形上に置かれているか当たり判定を行っています。

```
①if(mouseX >= x && mouseX <= x + w){
  ②if(mouseY >= y && mouseY <= y + h){
    fill(255, 0, 0);
  }
}
```

　ここではif文の中に複数の条件式を書いています（書き方については次ページのコラムを見てください）。また、if文（①）の中にif文（②）を書いています。複数の条件を満たす場合にのみ処理を実行したい場合には、このようにif文を使います。

図4-3-1

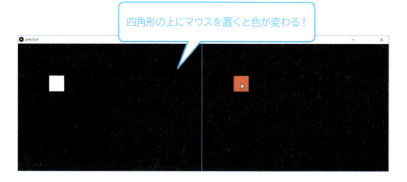

四角形の上にマウスを置くと色が変わる！

　マウスの動きと図形や画像との位置関係の判定は、画面上のボタン操作の処理などにも使えます。覚えておくと、メニュー画面を作るなど、プログラムを凝ったものにすることができます。

Column 2つの条件式をつなぐ論理演算子

リスト4-3-1では、システム変数mouseXが四角形のx座標からx座標＋横幅までの範囲内にあるかどうかを次のようなif文で判定しています。

`if(mouseX >= x && mouseX <= x + w){`

if文の条件式は、次の2つの条件式の両方がtrueになったときにのみtrueを返します。

①mouseXの値が四角形のx座標の値以上か：mouseX >= x
②mouseXの値が四角形のx座標＋横幅の値以下か：mouseX <= x + w

&&は①と②の条件式をつないで、①および②がtrueのときにtrueを返します。また、「① || ②」と書くと、①と②のどちらかがtrueのときにtrueが返ります。
&&と||を論理演算子と呼び、複数の条件がある場合に使います。 本書でもよく使うため、覚えておきましょう。

まとめ

これまでに、条件判定の方法とその活用例を見てきました。条件判定はプログラミングでは必ず使います。条件分岐では、どのように条件式を作るかがポイントです。

続いて、プログラミングの基本の1つである繰り返し処理を説明します。

条件分岐では条件式をどう作るかがポイントよ！

4-4
繰り返し処理を理解しよう

条件分岐と同じく「繰り返し処理」もプログラミングの基本の1つです。同じ処理を何度も行うときには繰り返し処理が必要です。

四角形を60個並べるプログラムを作ろう

まずは、実行結果を見てください。

図4-4-1

四角形が60個並んでいる！

横に四角形が60個並んでいます。四角形が60個もありますが、rect関数の呼び出しを60個分記述したわけではありません。rect関数の呼び出しは一度だけです。

リスト4-4-1
```
void setup(){
  size(600, 400);
}
```

```
void draw(){
  background(0);
  for(int i = 0; i < 60; i++){
    rect(i * 10, 200, 10, 10);
  }
}
```

> rectを呼び出しているのはここだけ！

for 〜条件を満たす間処理を繰り返す

リスト4-4-1では、新しく「**for**」が出てきました。一度に同じ処理を何回も行うときには、for文を使った繰り返し処理が役立ちます。**繰り返し処理はとてもパワフル**で、簡単な記述で多くの処理を実行できます。forの書き方は、一見難しく独特です。ここでは**まるっと暗記して**、覚えてしまいましょう。

参照
繰り返し処理は「配列」と相性がよく、プログラムの世界では多用されます。配列については、第5章を見てください。

図4-4-2

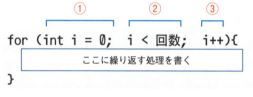

```
for (int i = 0;  i < 回数;  i++){
    ここに繰り返す処理を書く
}
```

①繰り返し処理の回数を保存する変数の宣言
②繰り返し処理を実行する条件
③変数の更新

> まるっと暗記しよう！

この独特な書き方の意味を説明しましょう。

最初にfor文の形を作ります。

```
for(){
}
```

意味は
forはいろいろな意味のある英語ですが、ここでは「〜の間」といった意味になります。

forのあとのカッコの中で、int型の変数iを宣言します（図4-4-2①）。初期値は0です。変数iは繰り返す回数を保存し、繰り返しを実行するかどうかの条件判定に使います。

```
for(int i = 0;){
}
```

注意
for文内で宣言した変数は、for文内でのみ利用できるローカル変数です。変数のスコープについては、82ページを見てください。

次に、繰り返し処理を実行する条件を追加します（図4-4-2②）。今回は10回処理を繰り返したいので、「変数iが10より小さいか」という条件式にします。

```
for(int i = 0; i < 10;){
}
```

最後に、変数iを変更する処理を書きます（**図4-4-2 ③**）。変数iの値を繰り返し処理の条件としているため、変数iを1ずつ増やします。i++は、変数iに1を足します。処理が1回実行されるたびに、この記述により変数iが変更されます。

for文が実行されると、最初に変数iが0に初期化されます。処理が実行されるたびに1が足され、変数iは0、1、2、……、9と変化していきます。変数iが10になると、「変数iが10より小さければ繰り返す」という条件が満たされなくなるため、繰り返し処理が終了します。

for文の書き方は独特です。「forだけの例外だな」と割り切って覚えてしまうのがオススメです。

> **注意**
> iの後ろの++をインクリメント演算子といいます。また、iに続いて--と書くと、iから1が引かれます。こちらをデクリメント演算子といいます。

図4-4-3

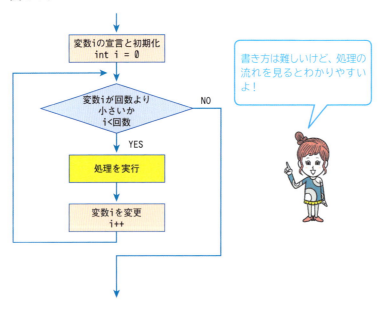

複数の四角形がいっせいに動くプログラムを作ろう

繰り返し処理の応用として、**繰り返し処理の入れ子**があります。繰り返し処理の中に、繰り返し処理を書くのです。リスト4-4-1では、横に60個の四角形を並べましたが、縦にも並ぶように改良してみましょう。

そして、これらの四角形がマウスについてくるように修正します。**数の多い図形も、繰り返し処理と工夫次第で、いっせいに動かせる**ことを理解してください。

> **注意**
> 入れ子とは、あるものの中に、それよりもひと回り小さな同型のものを入れたしくみのことです。

リスト4-4-2

```
void setup(){
  size(600, 400);
}
void draw(){
  background(0);
  int x = mouseX;
  int y = mouseY;
  for(int i = 0; i < 30; i++){        ← 四角形を横に並べるためのfor文
    for(int j = 0; j < 30; j++){      ← 四角形を縦に並べるためのfor文
      rect(i * 10 + x, j * 10 + y, 10, 10);
    }
  }
}
```

図4-4-4

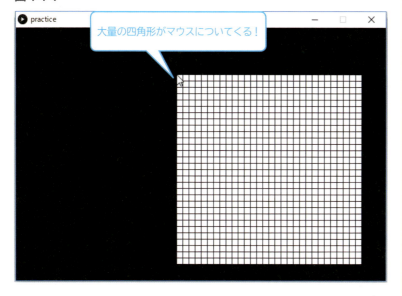

大量の四角形がマウスについてくる！

まとめ

　本節では、繰り返し処理について説明しました。繰り返し処理は、条件分岐と同じく、プログラミングでよく使います。書き方が難しいですが、最初はまるっと覚えて、何度も書くことで慣れていきましょう。
　続いて、関数を自分で定義する方法を説明します。

4-5 関数を自分で定義しよう

これまで関数を呼び出したり、定義したりしてきました。関数を自分で定義してオリジナルの関数を作る方法を説明します。

関数について今まで学んできたこと

関数について学んできたことを復習してみましょう。

- 関数とは、何らかの処理をまとめて名前を付けて呼び出せるようにしたもの。
- 関数は、書式に従って引数を指定して呼び出す。
- 戻り値を返す関数と返さない関数がある。
- 戻り値を返す関数を呼び出す場合には、同じ型の変数を用意して戻り値を代入する。
- voidは戻り値を返さない関数であることを示す。

オリジナルの関数を作ろう

これまでにsetup、draw、mousePressed、keyPressedなどの関数を定義して使ってきました。これらの関数は、あらかじめProcessingが用意したもので、使われ方が決まっており、これまでは使うために必要な処理を関数内に書いただけにすぎません。

Processingでは、そのほかにもオリジナルの関数を自分で定義することができます。自分で関数を作れるようになると、処理をまとめられるため、プログラムのコードの記述量が圧倒的に減り、プログラムがものすごく読みやすくなります。

関数の定義方法を説明しましょう。

たとえば、2つの整数を引数として受け取り、その2つを足した値を戻り値として返す関数を定義する場合を考えます。

図 4-5-1

```
戻り値の型 関数名(引数の型 引数名, ……) {
    ここに関数内で実行する処理を書く
    return 戻り値;
}
```

① 戻り値の型またはvoid（戻り値を返さない場合）
② 関数名
③ 引数リスト（引数の型と引数名の組をカンマ（,）で区切って指定。引数を受け取らない場合は何も記述しない）

関数を自分で定義してみよう！

● 戻り値の型を指定する

この関数は戻り値を返すので、戻り値の型を指定します。戻り値は整数を足した値なので、int型です。

ポイント
戻り値を返さない場合は、戻り値の型にvoidを指定します。

● 関数名を決める

足し算をする関数なので、「plus（プラス）」という関数名を付けましょう。関数名は、処理の内容がわかりやすいものが望ましいです。

意味は
voidは日本語では「空の」「空虚な」などの意味です。

● 引数を指定する

2つの整数を受け取るので、引数リストに(int a, int b)と2つの引数を指定します。引数は必要な数だけ指定できます。引数を受け取らない場合は、カッコ（半角の()）だけを記述します。

引数は、関数の中で利用できます。

● 関数内で実行する処理を書く

{と}の間に、関数で実行する処理を書きます。

値を返す関数では、次のように記述して戻り値を返します。

`return 戻り値;`

意味は
returnは、日本語では「戻す」「戻る」という意味です。

リスト 4-5-1

```
int plus(int a, int b){
    return a + b;
}
```

引数としてint型のaとbを受け取る
引数のaとbを足した結果を戻り値として返す

● 関数を利用する

それでは、plus関数を利用してみましょう。

リスト4-5-2
```
void setup(){
  int a = 1;
  int b = 2;
  int c = plus(a, b);   ← plus関数を呼び出す
  println(c);
}
int plus(int a, int b){   ← plus関数を定義
  return a + b;
}
```

　自分で定義した関数は、setupやdrawといったほかの関数の中で呼び出すことができます。**リスト4-5-2**ではplus関数の戻り値をint型の変数cに代入し、コンソール領域に出力しています。

図4-5-2

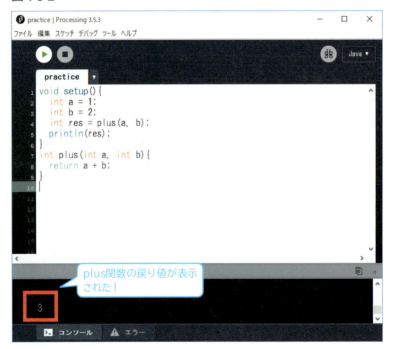

plus関数の戻り値が表示された！

まとめ

　本節では、関数を自分で定義する方法を説明しました。関数を作ることで、プログラミングで書くコードの量が減るだけでなく、読みやすくなります。
　続いて、第3章と第4章で学習した内容の総まとめを行います。

4-6

まとめチュートリアル
間違い探しゲームを作ろう

これまで学んできたことの総復習として、間違い探しゲームを作りましょう。

間違い探しゲームを作ろう

　第3章と第4章では、Processingプログラミングに必要不可欠な基本を学んできました。次から次へと新しいことを学んだので大変だったと思いますが、第3章と第4章をマスターするだけで自分が作りたいものがある程度作れるほど、プログラミング能力が上がっているはずです。

　ここではこれまでの総まとめとして、間違い探しゲームを作るためのチュートリアルを行います。今まで学んできたことが組み込まれているため、わからないところがあれば、復習を心がけてください。

　チュートリアルを一度クリアしたあとは、この本を閉じて自分で考えながらプログラムを書いてみてください。理解したつもりでも、実際にプログラムを書き始めると理解が不十分で、手が止まってしまうのではないかと思います。初心者のうちは何度も繰り返し学習するほうが効率がよいでしょう。

　あわてる必要はありません。繰り返し学習しながら1つずつこのチュートリアルを理解し、進めてください。

　間違い探しゲームは、25個の四角形から1つだけ色の違う四角形を探すゲームです。完成図は次のようになります。

> **注意**
> チュートリアルとは、説明を読みながらプログラムを作っていく学習方法のことです。

図4-6-1

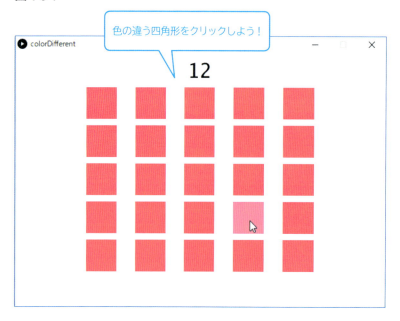

①setup関数とdraw関数を書こう

まずはProcessingでプログラムを書くうえで基本となるsetupとdrawを書きましょう。

たくさんのプログラムを書いていけば、setupとdrawの書き方は体に染みついていきます。

「さあ、プログラムを書くぞ！」というときに、何も見なくても自然にsetupとdrawが書けるようになるとよいですね。

リスト4-6-1

```
void setup(){
  size(600, 400);     ← 画面のサイズを決定
}
void draw(){
  background(255);    ← 画面の背景を白にする
}
```

②まずは黒い四角形を1つ描こう

図4-6-1に示す完成図には25個の四角形が表示されていますが、いきなり25個の四角形を描くのではなく、まずは1つだけ描いてみましょう。少しずつ動作を確認しながらプログラミングしていくほう

が、迷子になりづらいです。

では、黒い四角形を1つ描いてみます。

リスト4-6-2
```
void setup(){
  size(600, 400);
}
void draw(){
  background(255);
  noStroke();          ← 四角形の枠線をなくす
  rectMode(CENTER);    ← 四角形の基点を中央にする
  fill(0);
  rect(140, 80, 50, 50);  ← x座標140、y座標80を中心として四角形を描く
}
```

図4-6-2

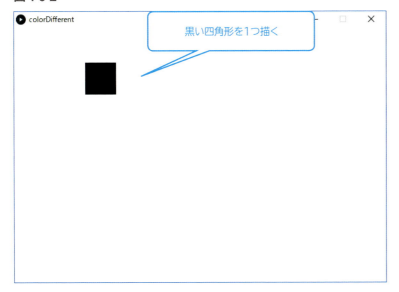

実行すると、黒い四角形が1つ表示されます。1つずつ実行して動作を確認しながらチュートリアルを進めてください。

リスト4-6-2では、見慣れない関数が出てきました。

noStrokeは、rectやellipseなどで図形を描くときに黒い枠線をなくす関数です。ゲームの見た目上、図形に枠線がないほうがすっきりするため、noStrokeで枠線をなくしています。

意味は

strokeは、日本語では「線を描く」という意味があります。

書式
noStroke();

役割
図形の枠線を表示しない。

rectModeは、四角形を描く場所に関する関数です。rectは通常、指定した座標を基点に左上角から四角形を描きますが、rectMode関数に**CENTER**というシステム定数を指定すると、四角形の基点が左上角ではなく中央になります。ゲームを作っていく都合上、基点を中央にしたほうが作りやすいため、rectMode関数を使用しています。

注意
rectは、rectModeなどで変更しない限り、四角形の左上角を基点として四角形を描きます。このように、指定しなくてもあらかじめ決まっている値などをデフォルト値と呼びます。

書式
rectMode(モード);

役割
rectで描く四角形の基点を変更する。

引数
モード：CENTERを指定すると四角形の中央に、CORNERを指定すると四角形の左上角（デフォルト）に基点を変更する。

③黒い四角形を横に5個並べよう

黒い四角形を1つ描けたので、横にさらに4個黒い四角形を配置して、合計5個の四角形を表示しましょう。四角形は、横に80の間隔を空けて配置します。

意味は
modeは日本語で「状態」などの意味があります。

リスト4-6-3
```
void setup(){
  size(600, 400);
}
void draw(){
  background(255);
  noStroke();              // 四角形の枠線をなくす
  rectMode(CENTER);        // 四角形の基点を中央にする
  fill(0);
  rect(140, 80, 50, 50);   // x座標140、y座標80を中心として四角形を描く
  rect(140 + 80, 80, 50, 50);
```

```
  rect(140 + 80 * 2, 80, 50, 50);
  rect(140 + 80 * 3, 80, 50, 50);
  rect(140 + 80 * 4, 80, 50, 50);
}
```

四角形を4個追加する

図4-6-3

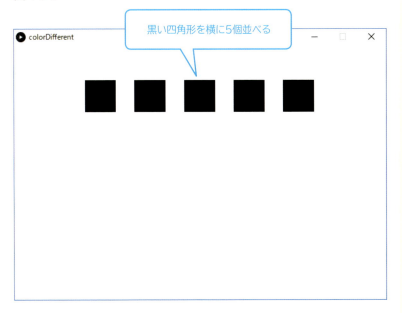

黒い四角形を横に5個並べる

rect関数の呼び出しを4個追加しました。rect関数に引数としてx座標を指定する際には、足し算や掛け算を行う演算子を使えます。自分で80を足した値を指定するのではなく、こういった計算はプログラムにやらせてしまいましょう。

参照
算術演算子については、69ページを見てください。

④繰り返し処理を使って黒い四角形を横に5個並べよう

rect関数の呼び出しを5個も書くのは不恰好ですね。ここまで学習してきたみなさんなら気づいたかもしれませんが、ここでは繰り返し処理を使えます。

四角形の間隔は80の等間隔です。このように規則性があるときには繰り返し処理が有効です。draw関数を次のように修正します。

リスト4-6-4
```
void draw(){
  background(255);
```

```
  noStroke();
  rectMode(CENTER);
  int loopCount = 5;
  for(int i = 0; i < loopCount; i++){
    int x = 140 + 80 * i;
    fill(0);
    rect(x, 80, 50, 50);
  }
}
```

- 四角形の枠線をなくす
- 四角形の基点を中央にする
- 繰り返し処理の回数を保存する変数を宣言
- 黒い四角形を横に5個並べる繰り返し処理を実行
- x座標を変数iを使って計算

　まず繰り返し処理を実行する回数を保存する変数 loopCount（ループカウント）を宣言しています。

　for文では、変数iが変数loopCountより小さい間、四角形を描く処理を繰り返します。処理が一度実行されるたびに変数iが1つずつ足されていき、これをうまく利用して、四角形のx座標を計算しています。

意味は
「輪」を意味するloopは、「何度も繰り返す」ことも表すため、ここでは変数名に使っています。

⑤今度は黒い四角形を縦に5個並べよう

　四角形を縦に5個並べる方法も見ておきましょう。最初の四角形のy座標を80とし、縦の間隔は60とします。もちろん、rect関数を5個記述するのではなく、繰り返し処理を使います。

　draw関数は次のようになります。

リスト4-6-5
```
void draw(){
  background(255);
  noStroke();
  rectMode(CENTER);
  int loopCount = 5;
  for(int i = 0; i < loopCount; i++){
    int y = 80 + 60 * i;
    fill(0);
    rect(140, y, 50, 50);
  }
}
```

- 四角形の枠線をなくす
- 四角形の基点を中央にする
- 繰り返し処理の回数を保存する変数を宣言
- 黒い四角形を縦に5個並べる繰り返し処理を実行
- 変数iを使ってy座標を計算

図 4-6-4

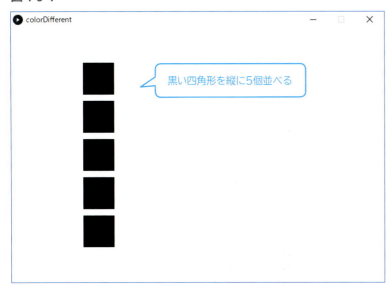

黒い四角形を縦に5個並べる

⑥横5×縦5＝25個の四角形を描こう〜 その1

「横に5個の四角形を並べる」「縦に5個の四角形を並べる」ことができました。次はこの2つを組み合わせて、横5×縦5＝合計25個の四角形を表示してみましょう。

draw関数は次のようになります。

リスト4-6-6

```
void draw(){
  background(255);
  noStroke();
  rectMode(CENTER);
  int xLoopCount = 5;
  int yLoopCount = 5;
  for(int i = 0; i < xLoopCount; i++){
    for(int j = 0; j < yLoopCount; j++){
      int x = 140 + 80 * i;
      int y = 80 + 60 * j;
      fill(0);
      rect(x, y, 50, 50);
    }
  }
}
```

- 四角形の枠線をなくす
- 四角形の基点を中央にする
- 繰り返し処理の回数を保存する変数を宣言
- 黒い四角形を横に5個並べる繰り返し処理を実行
- 黒い四角形を縦に5個並べる繰り返し処理を実行
- 変数iを使ってx座標を計算
- 変数jを使ってy座標を計算

}
```

図 4-6-5

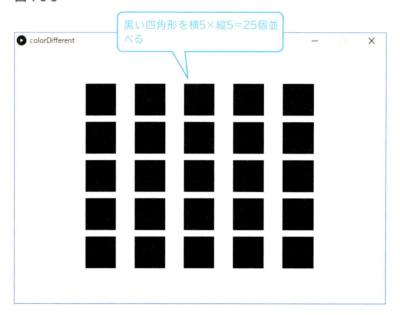
黒い四角形を横5×縦5＝25個並べる

横に5個並べる繰り返し処理を書き、その中に縦に5個並べる繰り返し処理を入れ子にしています。横の繰り返し処理で変数iを使っているので、縦の繰り返し処理は変数jを使っている点に注意してください。

**参照**
for文の入れ子については、116ページを見てください。

## ⑦横5×縦5＝25個の四角形を描こう～その2

リスト4-6-6では、繰り返し処理の中に繰り返し処理を入れ子にする方法を使いました。次は、1つの繰り返し処理で横5×縦5の四角形を表示してみましょう。難しく見えますが、記述するコードを短くすることができ、効率的です。

draw関数は次のようになります。

**注意**
for文では、繰り返し回数をカウントする変数としてiをよく使います。プログラミングにおける慣例のようなものです。for文を入れ子にする場合、もう1つのfor文でも変数iを使うと混乱するので、iの次の文字であるjを変数として使います。
変数iやjのことをループカウンタとも呼びます。

リスト4-6-7
```
void draw(){
    background(255);   // 四角形の枠線をなくす
    noStroke();
    rectMode(CENTER);   // 四角形の基点を中央にする
    int loopCount = 25;   // 繰り返し処理の回数を保存する変数を宣言
```
```

```
    for(int i = 0; i < loopCount; i++){
        int x = 140 + 80 * (i % 5);
        int y = 80 + 60 * (i / 5);
        fill(0);
        rect(x, y, 50, 50);
    }
}
```

> 黒い四角形を横5×縦5個並べる繰り返し処理を実行

> 変数i % 5によりx座標を計算（0〜4）

> 変数i / 5によりy座標を計算（0〜4）

　リスト4-6-7では、黒い四角形を描く処理を25回繰り返すfor文を1つ使っています。変数iは0、1、2、……、23、24と1ずつ足されていきます。

　変数iを使い、25個の四角形のx座標とy座標を決定します。

　x座標は、%により変数iを5で割った余りから求めます。

`int x = 140 + 80 * (i % 5);`

　「i % 5」の余りは、0、1、2、3、4、0、1、2、……のように0〜4の値になります。これは、横に5個を並べたときと同じです。

　「i % 5」を「( )」でくくっています。カッコがなければ、算術演算と同じように、足し算と引き算より、掛け算と割り算が優先されます。カッコがなければ「80 * i」が先に計算されてしまい、思ったとおりの計算結果になりません。そのため、「80 * (i % 5)」のようにカッコを使って余りを求める計算を優先させています。

　y座標は、/により変数iを5で割った商から求めます。

`int y = 80 + 60 * (i / 5);`

　「i / 5」の商は、0、0、0、0、0、1、1、1、……のように0〜4の値になります。四角形を横に5個ならべたら、y座標の値を変更して下に並べるという順序で描くことができます。

　また、「(i / 5)」とカッコを使っているのは、x座標のときと同じ理由です。

> **注意**
> 0÷5の余りは0、1÷5の余りは1、……のようになります。

> **注意**
> 0÷5、1÷5、2÷5、3÷5、4÷5の商はいずれも0です。

⑧四角形の色をランダムに変更しよう

　25個の四角形をきれいに並べることができました。次は四角形の色を変えていきましょう。

リスト4-6-8

```
float r;
float g;
float b;
```

> 乱数を格納する変数を宣言

```
void setup(){
  size(600, 400);
  r = random(256);         // 乱数を生成して変数に代入
  g = random(256);
  b = random(256);
}
void draw(){
  background(255);
  noStroke();              // 四角形の枠線をなくす
  rectMode(CENTER);        // 四角形の基点を中央にする
  int loopCount = 25;      // 繰り返し処理の回数を保存する変数を宣言
  for(int i=0; i<loopCount; i++){   // 黒い四角形を横5×縦5個並べる繰り返し処理を実行
    int x = 140 + 80 * (i % 5);     // 変数i % 5によりx座標を計算
    int y = 80 + 60 * (i / 5);      // 変数i / 5によりy座標を計算
    fill(r, g, b);                  // 変数r、g、bで色を指定
    rect(x, y, 50, 50);
  }
}
```

プログラムを実行すると四角形の色がランダムに選択されます。再生ボタンを押すと、また別のランダムな色になります。

図4-6-6

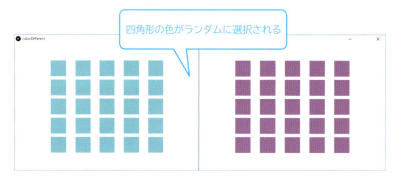

四角形の色がランダムに選択される

最初に変数r、g、bを用意し、random関数で生成した乱数を代入します。そして、これらの変数をfill関数に指定して色を変えます。

変数r、g、bがint型ではなくfloat型であることに注意してください。これはrandom関数の戻り値がfloat型だからです。変数r、g、bをint型で宣言すると、random関数の戻り値と型が合わずにエラーとなり、実行できなくなります。

⑨1個目の四角形だけ色を変えよう

　最終的には、25個の四角形のうち1つだけ色が違うようにしますが、まずは左上の1個目の四角形だけ色を変えましょう。

　「色が違う」演出のために、このチュートリアルでは**アルファチャンネル**を利用します。アルファチャンネルとは**透明度のこと**です。光の三原色が同じでも、透明度を変えると違う色に見えることを利用します。

　また、1つだけ色を変えるために条件分岐を使います。

　draw関数は次のようになります。

リスト4-6-9

```
void draw(){
  background(255);
  noStroke();
  rectMode(CENTER);
  int loopCount = 25;
  for(int i = 0; i < loopCount; i++){
    int x = 140 + 80 * (i % 5);
    int y = 80 + 60 * (i / 5);
    if(i == 0){
      fill(r, g, b, 255 / 2);
    } else{
      fill(r, g, b, 255);
    }
    rect(x, y, 50, 50);
  }
}
```

- noStroke(); → 四角形の枠線をなくす
- rectMode(CENTER); → 四角形の基点を中央にする
- int loopCount = 25; → 繰り返し処理の回数を保存する変数を宣言
- for(...) → 黒い四角形を横5×縦5個並べる繰り返し処理を実行
- int x = ... → 変数i % 5によりx座標を計算
- int y = ... → 変数i / 5によりy座標を計算
- if(i == 0) → 左上の四角形かを判定
- fill(r, g, b, 255 / 2); → 変数r、g、bで色を指定するときにアルファチャンネルを半分に
- fill(r, g, b, 255); → 変数r、g、bで色を指定

　実行すると、1個目の四角形が違う色になります。

図4-6-7

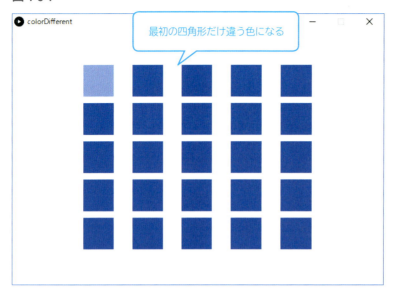

最初の四角形だけ違う色になる

注意
図4-6-7では、左上の四角形はほかの四角形と同じ色を指定していますが、透明度が違うために違う色に見えています。

　条件分岐で左上の四角形だけ色を変えています。繰り返し処理の中で0～24の値になる変数iを使って、最初の1回目の処理、つまり「変数iが0のとき」を判定しています。そして、変数iが0のときだけ、fill関数に4番目の引数として「255 / 2」を指定します。4番目の引数はアルファチャンネルで、255を不透明度100％とするため、その半分は不透明度が50％です。
　else（エルス）には、「変数iが0のとき」以外の処理を記述します。fill関数の4番目の引数が255であることに注目してください。

意味は
elseは、日本語では「そのほかの」という意味です。

書式
fill(赤, 緑, 青, アルファチャンネル);

役割
　図形を赤、緑、青、アルファチャンネルで指定した色にする。

引数
　赤：赤の要素を示す0～255の数値
　緑：緑の要素を示す0～255の数値
　青：青の要素を示す0～255の数値
　アルファチャンネル：透明度を示す0～255の数値

図4-6-8

```
if (条件式) {
    ここに条件式が真のときの処理を書く
}
else {
    ここに条件式が偽のときの処理を書く
}
```

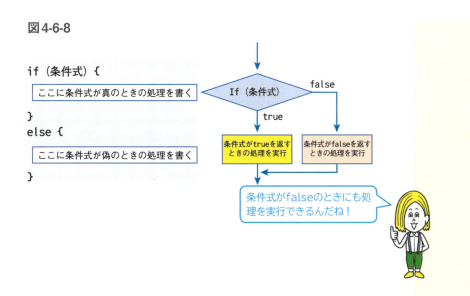

条件式がfalseのときにも処理を実行できるんだね！

⑩色が変わる四角形をランダムに変更する

次は、左上ではなく、25個のうちのいずれかの色が変わるようにします。また、指定するアルファチャンネルの値もランダムにします。

リスト4-6-10

```
float r;
float g;
float b;
float a;
int seikai;
void setup(){
    size(600, 400);
    r = random(256);
    g = random(256);
    b = random(256);
    a = random(100, 200);
    seikai = (int)random(0, 25);
}
void draw(){
    background(255);
    noStroke();
    rectMode(CENTER);
    int loopCount = 25;
    for(int i = 0; i < loopCount; i++){
```

色を指定するための変数を宣言
アルファチャンネルを指定するための変数を宣言
色を変える四角形を判定するための変数を宣言

乱数を生成し、変数に代入
100～200の乱数を生成し、変数aに代入
0～24の乱数を生成し、変数seikaiに代入

四角形の枠線をなくす
四角形の基点を中央にする
繰り返し処理の回数を保存する変数を宣言
黒い四角形を横5×縦5個並べる繰り返し処理を実行

```
    int x = 140 + 80 * (i % 5);         ← 変数i % 5によりx座標を計算
    int y = 80 + 60 * (i / 5);          ← 変数i / 5によりy座標を計算
    fill(r, g, b);
    if(i == seikai){                    ← 色を変える四角形かを判定
      fill(r, g, b, a);                 ← 変数r、g、bで色を指定するとき
                                          にアルファチャンネルを指定
    } else{
      fill(r, g, b, 255);               ← 変数r、g、bで色を指定
    }
    rect(x, y, 50, 50);
  }
}
```

図4-6-9

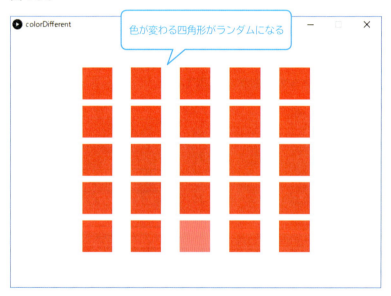

色が変わる四角形がランダムになる

　再生ボタンを押すたびに、どれか1つの四角形だけ色が変わるようになりました。

　繰り返し処理では変数iが0～24に変わります。つまり、25個の四角形は0～24の値で判別できることになります。色を変える四角形を指定するために、変数seikaiにrandom関数で0～24の乱数を生成して代入します。

```
seikai = (int)random(0, 25);
```

　random関数に引数を2つ指定すると、最初の引数の数値以上、2番目の引数の数値未満の範囲で乱数が生成されます。

書式
random(最小値, 最大値);
役割
　最小値以上最大値未満の範囲で乱数を生成して返す。
戻り値
　float型
引数
　最小値：生成する乱数の範囲の最小値
　最大値：生成する乱数の範囲の最大値（最小値以上最大値未満の乱数を生成）

> 注意
> random関数に最大値だけを指定すると、0以上最大値未満の範囲で乱数が生成されます。

　注意してほしいのが、変数seikaiは、四角形を判別するためにint型で宣言していることです。
　一方、random関数の戻り値はfloat型です。型が違う変数に値を代入しようとすると、型が合わない不一致が起きてしまいます。
　random関数の前に「(int)」と記述しています。これは「関数の戻り値をint型に変換する」という意味です。このように**型を変換することを「キャスト」**と呼びます。

⑪クリックされるたびに色が違う四角形が変わるようにしよう

　続いて、再生ボタンを押さなくても色が違う四角形が変わるように修正していきましょう。
　間違い探しゲームを作りたいので、「色が違う四角形」＝「正解」をクリックしたときにほかの四角形の色が変わることがゴールですが、まずは単純にどこかをクリックしたら色が変わるようにします。
　マウスのクリックを検知する方法を覚えていますか？　そう、mousePressed関数です。draw関数の下に追加しましょう。

リスト4-6-11
```
void mousePressed(){
    r = random(256);
    g = random(256);
    b = random(256);
    a = random(100, 200);
    seikai = (int)random(0, 25);
}
```

乱数を生成し、変数に代入

100〜200の乱数を生成し、変数aに代入

0〜24の乱数を生成し、変数seikaiに代入

図4-6-10

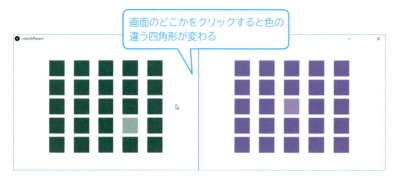

画面のどこかをクリックすると色の違う四角形が変わる

mousePressed関数を追加することで、クリックするたびに色の違う四角形が変わります。関数の中身は、setup関数とほぼ同じですね。色、アルファチャンネル、色の違う四角形を示す変数に、乱数を代入しています。

参照
mousePressed関数については、80ページを見てください。

⑫関数を作って同じ処理を1つにまとめよう

mousePressed関数とsetup関数の処理がほぼ同じと言いました。同じ処理があったときは、自分で関数を作って処理をまとめるチャンスです。

参照
自分で関数を定義する方法については、118ページを見てくだざい。

プログラミングでは、なるべく同じコードを書かないことが重要とされています。もし同じようなコードをいろいろなところに書いてしまったら、あとで修正が発生したときに修正の量が多くなってしまいます。処理を1つの関数にまとめておけば、その関数の中身だけを修正すれば済むため、修正作業も楽になります。

次の関数をプログラムの最後に定義します。

リスト4-6-12

```
void shuffle(){
  r = random(256);
  g = random(256);
  b = random(256);
  a = random(100, 200);
  seikai = (int)random(0, 25);
}
```

setupとmousePressedに共通する処理をまとめてshuffle関数を定義

関数名は、Processingがもともと用意している関数と同じでなければ、どのような名前でもかまいません。できるだけ処理の内容に

沿った名前にしておくと、あとでコードを読むときにわかりやすくなります。ここでは、問題（色の違う四角形）を入れ替えるという意味で、関数名をshuffleとしました。

shuffleは問題を入れ替える関数であり、特に値を戻しません。そのため、voidを指定していることにも注意してください。

関数を新しく定義したので、setup関数とmousePressed関数ではshuffle関数を呼び出すだけで済みます。

リスト4-6-13

```
void setup(){
  size(600, 400);
  shuffle();           // shuffle関数を呼び出す
}
void mousePressed(){
  shuffle();           // shuffle関数を呼び出す
}
```

⑬ 正解の四角形をクリックできるようにしよう

だいぶゲームっぽくなってきました。次に、四角形をクリックし、正解したときだけ次の問題が表示されるようにしましょう。これができるとひととおりゲームとして遊べるものになります。

四角形がクリックされたかどうかの判定は、mousePressed関数で座標を比較してマウスの位置に四角形があるか、その四角形は正解のものかを判定すればよさそうです。

参照
四角形がクリックされたか判定する方法については、111ページの「マウスを四角形の上に置いたら色が変わるプログラムを作ろう」を見てください。

リスト4-6-14

```
void mousePressed(){
  int seikai_x = 140 + 80 * (seikai % 5);    // 正解の四角形のx座標とy座標を計算
  int seikai_y = 80 + 60 * (seikai / 5);
  if(mouseX > seikai_x - 25 && mouseX < seikai_x + 25){    // マウスのx座標を判定
    if(mouseY > seikai_y - 25 && mouseY < seikai_y + 25){  // マウスのy座標を判定
      shuffle();        // 正解なのでshuffle関数を呼び出す
    }
  }
}
```

だんだん難しくなってきましたね。順番に解説していきます。

マウスが正解の四角形をクリックしたかを判定するには、マウスの位置の座標が、四角形が描かれている座標の範囲内にあるかどうかを調べる必要があります。そのため、正解の四角形の番号を保存している変数seikaiを使って、**四角形の中心のx座標とy座標**を求めます。

```
int seikai_x = 140 + 80 * (seikai % 5);
int seikai_y = 80 + 60 * (seikai / 5);
```

四角形の中心の座標を求めるのは、rectMode(CENTER)により四角形の基点を中央にしているためです。

> **参照**
> rectMode関数については、124ページを見てください。

四角形のサイズは50なので、「中央の座標−25」〜「中央座標＋25」の範囲にマウスの位置の座標が入っていれば、マウスがその四角形をクリックしたと判定できます。ここでは、最初のif文でx座標について判定し、クリアしたら、もう1つのif文でy座標について判定します。y座標の判定もクリアしたら、正解をクリックしたことになるため、shuffle関数を呼び出します。

図4-6-11

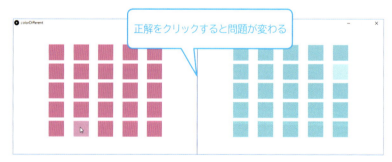

正解をクリックすると問題が変わる

⑭スコアを表示しよう

ゲームとして遊べるようになってきましたが、何かもの足りませんね。ゲームといえばスコアを表示したいところです。

正解するとスコアが1増えるようにするために、draw関数とmousePressed関数を修正しましょう。

リスト4-6-15

```
int score;
void draw(){
    // 省略(リスト4-6-10のdraw関数の内容が入る)
    fill(0);
```

← スコアを保存する変数を宣言

```
    textSize(32);
    textAlign(CENTER);                          ◁ スコアを表示する処理を追加
    text(score, width / 2, 40);
}
void mousePressed(){
    int seikai_x = 140 + 80 * (seikai % 5);     ◁ 正解の四角形のx座標とy座標を計算
    int seikai_y = 80 + 60 * (seikai / 5);      ◁ マウスのx座標を判定
    if(mouseX > seikai_x - 25 && mouseX < seikai_x + 25){
        if(mouseY > seikai_y - 25 && mouseY < seikai_y + 25){   ◁ マウスのy座標を判定
            score += 1;      ◁ スコアを1増やす
            shuffle();       ◁ 正解なのでshuffle関数を呼び出す
        }
    }
}
```

　スコアを保存するためにint型の変数score を宣言します。この変数には、mousePressed関数の中で正解時に1を足しています。

　また、変数scoreを表示するために、draw関数の最後でtext関数を呼び出します。その前にtextSize(32);により表示サイズを指定し、textAlign(CENTER);で表示位置を中央に指定しています。

意味は
alignは日本語で「整列させる」、「一直線にする」といった意味があります。

[書式]
textSize(数値);

[役割]
　画面に表示する文字列のサイズを指定する。

[引数]
　数値：画面に表示する文字列のサイズ

[書式]
textAlign(位置);

[役割]
　画面に表示する文字列を揃える位置を指定する。

[引数]
　位置：CENTER（中央揃え）、LEFT（左揃え）、RIGHT（右揃え）

⑮間違い探しゲームの完成！

お疲れ様でした。これでチュートリアルは終了です。

このチュートリアルでは、これまで学んだことを網羅してゲームを作りました。このチュートリアルを実践すると、自然と第3章と第4章の復習、つまりプログラミングの基本を復習できるようになっています。

さらに復習して<mark>知識を確かなものにするには、第3章と第4章を最初から読み返すか、このチュートリアルを繰り返し試すといったことがオススメ</mark>です。サンプルプログラムを見ずに自分の力だけで間違い探しゲームが作れるようになったら、プログラミングの基本を十分に理解したと言えると思います。

第3章と第4章で作成したのはプログラミングの知識として基本的なものばかりですが、基本を組み合わせていくだけで、きちんとしたゲームが作れることを理解してもらえるとうれしいです。そして、このゲームを自分のオリジナルのゲームと発展させてもらえると、さらにうれしく思います。

完成したプログラムを次に示します。

リスト4-6-16

```
float r;
float g;
float b;
float a;
int seikai;
int score;
void setup(){
  size(600, 400);
  shuffle();
}
void draw(){
  background(255);
  noStroke();
  rectMode(CENTER);
  int loopCount = 25;
  for(int i = 0; i < loopCount; i++){
    int x = 140 + 80 * (i % 5);
    int y = 80 + 60 * (i / 5);
```

```
    fill(r, g, b);
    if(i == seikai){
      fill(r, g, b, a);
    } else{
      fill(r, g, b, 255);
    }
    rect(x, y, 50, 50);
  }
  // スコアを表示する処理
  fill(0);
  textSize(32);
  textAlign(CENTER);
  text(score, width / 2, 40);
}
void mousePressed(){
  int seikai_x = 140 + 80 * (seikai % 5);
  int seikai_y = 80 + 60 * (seikai / 5);
  if(mouseX > seikai_x - 25 && mouseX < seikai_x + 25){
    if(mouseY > seikai_y - 25 && mouseY < seikai_y + 25){
      // seikai
      score += 1;
      shuffle();
    }
  }
}
void shuffle(){
  r = random(256);
  g = random(256);
  b = random(256);
  a = random(100, 200);
  seikai = (int)random(0, 25);
}
```

⓰カスタマイズしてみよう

　今回は四角形の間違い探しでしたが、工夫次第でいろいろなゲームにカスタマイズできます。ぜひカスタマイズしたゲームを企画して、自分だけのゲームを作ってみてください。たとえば、筆者は四角形の

代わりに「ひらがな」を使った「ぬめ」というゲームを考えてみました。「め」を探すゲームです。

図 4-6-12

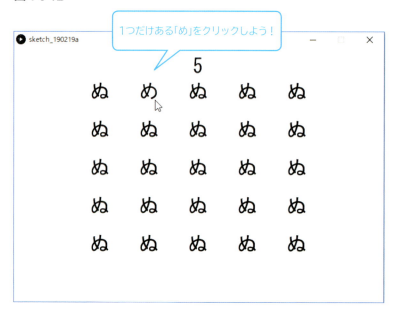

まとめ

　第3章と第4章ではProcessingプログラミングに最低限必要な基本を学んできました。最低限とはいえ、次々に新しいことを学ぶので大変だったかもしれません。お疲れ様でした。
　まだまだ覚えなければならないことはたくさんありますが、これまでに学んだことだけでもゲームを作れるようになったはずです。あとはみなさんのアイデア次第です。
　次章からはさらに進んで「配列」や「クラス」などを学んでいきます。これらを学ぶことでより複雑な処理が可能になり、よりオリジナリティにあふれるプログラムを作れるようになります。
　Scratchの入門書などには書かれていない中級者向けの内容と言ってもよいかもしれません。ていねいに説明していきますが、もし、この先でつまずいてしまっても大丈夫です。本章を読み終えた時点で、みなさんには必要最低限のプログラミング能力が備わっています。今できる範囲でかまいません。たくさんのプログラムを作っていってください（とはいえ、「配列」や「クラス」が使えるとプログラミングでできることがぐんと広がるので、続けてチャレンジしていきましょう）。

第5章 配列と繰り返し処理でさまざまな表現を作ろう

ここからはちょっとレベルが上がるよ。変数を一歩前進させた配列を学んでいこう。

配列は変数の仲間なの？

そう！ 変数と違うのは、たくさんの値を入れられるってこと！

変数をたくさん用意するのじゃだめなの？

よい質問だね。変数をたくさん作るのは大変だし、配列を使うとたくさんの値を扱いやすくなるんだ。特に繰り返し処理との相性が抜群だよ！

5-1 配列とは何かを理解しよう
5-2 配列を使ってさまざまな表現を作ろう
5-3 配列を使ってアクションゲームを作ろう

5-1 配列とは何かを理解しよう

配列とは何かを理解するために、プログラムを作ってみましょう。

まずは配列を体験してみよう

次の画面は配列を使ったプログラムの実行結果です。さまざま色をした円が散らばっていますね。重なって見えていない部分もありますが、画面上には円が100個表示されています。

> **注意**
> 円の描き方については、27ページを見てください。

図 5-1-1

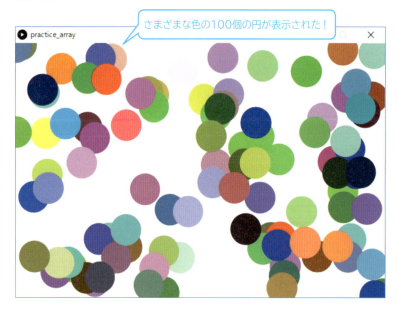

さまざまな色の100個の円が表示された！

これはどうやってプログラミングしたのでしょうか。変数を100個用意すればできそうです。いや、x座標とy座標があるので、必要な変数は200個でしょうか。色も指定しなければなりません。もっと変数が必要になりそうです。1つの変数を宣言するのに1行のコードを書くとしたら、数百行になってしまいます。これではいちいち変数

を作ってはいられませんね。

　このプログラムでは変数の代わりに配列を使っています。配列はたくさんの値を扱うのにとても優れています。図5-1-1は、配列のおかげでこれだけたくさんの色とりどりの円を実現しているのです。ではプログラムを見ていきましょう。

リスト5-1-1
```
float[] xList = new float[100];
float[] yList = new float[100];
color[] colorList = new color[100];
void setup(){
  size(600, 400);
  for(int i = 0; i < 100; i++){
    xList[i] = random(width);
    yList[i] = random(height);
    colorList[i] = color(random(256), random(256), random(256));
  }
}
void draw(){
  background(255);
  for(int i = 0; i < 100; i++){
    noStroke();
    fill(colorList[i]);
    ellipse(xList[i], yList[i], 50, 50);
  }
}
```

← x座標、y座標、色の値を保存する配列を宣言

← 繰り返し処理で配列に値を代入

← 円を100個描く

●配列を宣言する

　リスト5-1-1では、数百個も変数を作っていないことに気がつきましたか？ 代わりに配列を宣言しています。
```
float[] xList = new float[100];
float[] yList = new float[100];
color[] colorList = new color[100];
```
　たとえば、「float x;」と書くと、float型の値を入れる変数が1つ宣言されます。一方、「float[] xList;」と書くと、float型の配列を宣言したことになります。

　ここでは、宣言したfloat型の配列に、「new float[100]」を代入しています。これは、配列にfloat型の値を100個代入できるよ

注意
配列の宣言のしかたはこのあとあらためて説明します。ここでは、このプログラムが何をしようとしているかに意識を向けてください。

意味は
listは、日本語では「リスト」「一覧表」という意味です。

うにしたことを意味します。
　つまり、変数を宣言すると指定された型の値が1つ入れられる箱が用意されますが、==配列を宣言すると指定した数だけ箱が用意される==ことになります。

図5-1-2

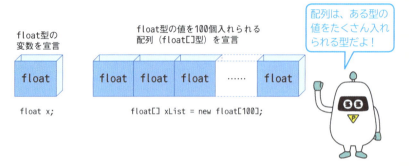

　xListにはx座標の値（float型）を100個、yListにはy座標の値（float型）を100個、colorListには色の値（color型）を100個入れる箱が用意されます。「変数に入れられる値は1つだけど、配列には指定した数だけ値を入れられるんだ」と思ってください。

注意
colorは、色を指定するための情報を保存できる型です。

●配列に値を代入する
　変数には＝演算子で値を代入しました。では、配列にはどのように値を代入するのでしょうか。
　配列は型を入れる箱を指定した数だけ用意しています。==この箱のことを要素==といいます。値の代入は、次のように各要素に対して行います。

```
float[] xList = new float[100];
xList[0] = 0.0;
```

図5-1-3

配列名に角カッコ（**[]**）を付け、その中に**添字**を指定することで、配列内の各要素に値を代入できます。添字は**0**から始まります。つまり、100個の要素の配列では、添字として0〜99を使います。

リスト5-1-1ではどのように値を代入しているか見てみましょう。

```
void setup(){
  size(600, 400);
  for(int i = 0; i < 100; i++){
    xList[i] = random(width);
    yList[i] = random(height);
    colorList[i] = color(random(256), random(256), random(256));
  }
}
```

setup関数でfor文の繰り返し処理を利用していますね。繰り返す回数は100回です。

繰り返し回数を足していく変数iは、0から99まで変化します。それを利用して、**xList[i]**、**yList[i]**、**colorList[i]**と記述することで、配列内の要素に値を代入しています。

なお、配列xListと配列yListの各要素にはそれぞれ、x座標、y座標を示す乱数をrandom関数を使って生成して代入しています。また、配列colorListの各要素には、**color**関数に乱数を指定して生成した色の値を代入しています。

書式
color(赤, 緑, 青);
役割
　赤、緑、青から色を示すcolor型の値を返す。
戻り値
　color型
引数
　赤：赤の要素を示す0〜255の数値
　緑：緑の要素を示す0〜255の数値
　青：青の要素を示す0〜255の数値

リスト5-1-1では、for文の繰り返し回数を足していく変数iを添字として利用することで、配列に値を代入しています。このようにfor文で配列内の要素を1つずつ操作する処理は、プログラミングの世界では非常に多く使われます。ぜひマスターしてください。

配列の宣言方法を理解しよう

配列がたくさんの値を扱いやすく、繰り返し処理と相性がよいことがわかりましたか？配列は次のように宣言します。

図5-1-4

① 型
② 配列名
③ new
④ 型[要素数]
（要素数は整数またはint型の変数）

配列の宣言方法を覚えよう！

まず、配列に入れる値の型を指定します（図5-1-4①）。**変数ではなく配列であることを示すために、型には角カッコ[]を付けます。**

続いて配列名を指定します（図5-1-4②）。わかりやすい名前を付ければよいですが、変数と区別するために、「○○List」などたくさんの値が入っていることがわかるような名前を付けるとあとで混乱しないでしょう。

=の右側に、「new」という記述があります（図5-1-4③）。newは日本語では「新しい」という意味です。Processingでは、新しい配列を生成することを指示します。配列を宣言して利用できるようにするには、必ず「new」が必要です。そして、そのあとに、型と要素数を「float[100]」のように指定します（図5-1-4④）。要素数は整数で指定するか、整数を格納したint型の変数で指定します。

ほかの型での宣言方法も確認しておきましょう。

```
int[] intList = new int[10];          整数の配列
float[] floatList = new float[10];    小数の配列
String[] stringList = new String[10]; 文字列の配列
boolean[] booleanList = new boolean[10]; 真偽値の配列
```

> **注意**
> 型のあとの[と]の間には何も入れません。半角スペースを入れても問題はありませんが、それ以外の文字を入れるとエラーになります。

> **注意**
> 「new」は、新しいオブジェクトを生成することを意味します。配列はオブジェクトの仲間なので、配列を生成するときは「new」を使います。オブジェクトについては、186ページを見てください。

> **注意**
> Java、C++、C#など、一部のオブジェクト指向言語（186ページを見てください）では、Processingと同じく、配列を生成する際にnewを使います。

配列の要素を個別に操作しよう

リスト5-1-1ではfor文の中で配列を操作していました。

しかし配列を操作する場合は必ず繰り返し処理を使わなければならないわけではありません。次のように要素を個別に操作することが可能です。

リスト5-1-2
```
String[] messageList = new String[5];       ← String型の配列を宣言
void setup(){
  size(600, 400);
  messageList[0] = "こんにちは。";
  messageList[1] = "今日はいい天気ですね。";
  messageList[2] = "え？ 午後から雨なんですか？";   ← 配列の各要素に文字列を代入
  messageList[3] = "困りました。";
  messageList[4] = "傘をもってきていません。";
}
void draw(){
  background(0);
  text(messageList[0], 100, 200);            ← 配列の最初の要素を表示
}
```

図5-1-5

　リスト5-1-2では、文字列を入れるString型の配列messageListを用意しました。要素は5個です。

　setup関数の中ではmessageListの各要素に文字列を代入しています。添字が0〜4で指定されていることに注意してください。添字は0から始まるため、要素数が5個でも添字に5は使いません。

　draw関数の中では、text関数に配列messageListの1番目の要素を指定しています。添字を1や4に変更すると、表示される文字列が変わります。

意味は

messageは日本語で「メッセージ」「伝達」といった意味があります。

注意

リスト5-1-2では、わかりやすいように添字として0〜4の数値を直接指定していますが、配列は基本的には繰り返し処理を利用して操作することが多いです。

初心者あるある問題〜配列の添字

リスト5-1-2のdraw関数を次のように書き換えてみましょう。

リスト5-1-3
```
void draw(){
  background(0);
  text(messageList[5], 100, 200);
}
```

実行すると、次のようにProcessingエディタのコンソール領域にエラーが表示されます。

図5-1-6

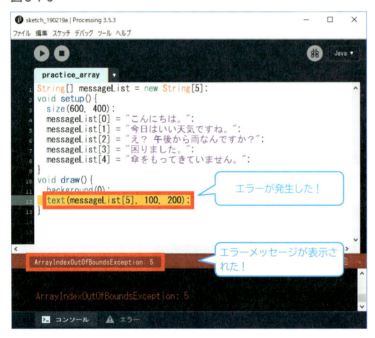

「ArrayIndexOutOfBoundsException: 5」というエラーメッセージが表示されています。どういう意味か想像してみましょう。

「Array」は配列、「Index」は配列の添字のことです。そして「Out」は「外の」という意味です。

わかりましたか？ これは「配列の要素数を外れた添字を使っているぞ」というエラーです。配列の要素数は0から始まる5個なので、添字に5を使った「messageList[5]」はおかしいですね。

初心者はこのエラーをよく見ることになると思います。プログラム

が動かなくなった、英語のエラーが出たとあわてないで、どのようなエラーが発生したか読み解いてみてください。それでも問題を解決できない場合は、エラーの英語文を検索してみると、サポートサイトなどがヒットし、問題解決の手助けとなるでしょう。

エラーが発生した場合、エラーメッセージは問題解決への大きなヒントになります。エラーメッセージの内容がよくわからなかったら、とりあえずエラーの英語文を検索してみるクセをつけておきましょう。

まとめ

　配列で何ができるか、変数との違い、配列の使い方など、配列について基本を学習してきました。変数はなんとなくわかったけれど配列がわからないという初心者はとても多いです。配列がわかったのなら自信をもって、読んでみたけれど配列がよくわからなかったのならもう少しだけがんばりましょう。変数と配列の違いがしっくりこないので、配列がわからないのかもしれません。

　続いて、配列を使ってたくさんの値を操作するダイナミックな表現方法を実践していきます。変数にはできないプログラミングの例を見ていけば、自然と変数との違いがわかってきます。あせらずについてきてください。

第5章　配列と繰り返し処理でさまざまな表現を作ろう

配列を宣言する方法と、繰り返し処理で値を代入する方法をしっかりとマスターしよう！

5-2

配列を使ってさまざまな表現を作ろう

配列の魅力は、「繰り返し処理を使い、短いコードでたくさんの値を操作できること」です。その具体例を見ていきましょう。

雨を降らせるプログラムを作ろう

配列と繰り返し処理を使えば、多くの図形や画像を一度に動かすことができます。

わかりやすい例として、配列を使って雨が降るようなアニメーションを作ってみましょう。

リスト5-2-1

```
float[] xList = new float[50];          // float型の配列を宣言
float[] yList = new float[50];
void setup(){
  size(600, 400);
  for(int i = 0; i < 50; i++){          // 繰り返し処理で配列に値を代入
    xList[i] = random(width);
    yList[i] = random(height);
  }
}
void draw(){
  background(0, 0, 255);
  for(int i = 0; i < 50; i++){          // 繰り返し処理で円を描く
    yList[i] = yList[i] + 1;
    noStroke();                         // 枠線をなくす
    ellipse(xList[i], yList[i], 5, 5);
  }
}
```

図5-2-1

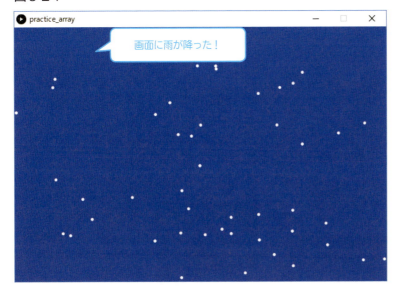

画面に雨が降った！

リスト5-1-1と似ていますね。float型の配列xListとyListを、繰り返し処理で操作しています。

リスト5-1-1と違うのは、draw関数の中でy座標の値に1を足しているところです。

`yList[i] = yList[i] + 1;`

配列yListの要素に1を足して代入しています。こうすることで、50個のy座標がdraw関数が実行されるたびにそれぞれ1ずつ増えていくため、円を描く位置が下のほうに移動していき、雨が降るように見えます。

● ずっと雨が降り続くようにする

しかし、まだこのプログラムは完成ではありません。実行してみるとわかりますが、50個の雨が一番下までたどりつくと、新しい雨が降らず、雨がやんでしまいます。ずっと雨が降り続くようにするにはどうしたらよいでしょうか。

「雨（円）が下に到達したら上に戻す」という処理を加えてあげればよさそうですね。draw関数を次のように修正します。

リスト5-2-2

```
void draw(){
  background(0, 0, 255);
  for(int i = 0; i < 50; i++){
    yList[i] = yList[i] + 1;
```

```
    if(yList[i] > height){
      yList[i] = 0;
    }
    noStroke();
    ellipse(xList[i], yList[i], 5, 5);
  }
}
```

条件分岐を追加

y座標の値が画面の縦幅を超えたら0に戻す

図5-2-2

雨がずっと降り続いている！

　50個の雨のすべてに条件分岐を適用したいので、繰り返し処理に条件分岐を追加します。雨のy座標が画面の下、つまり画面の縦幅である「height」を超えたら、画面の上に戻るように0を代入します。繰り返し処理に条件分岐を追加したので、50個の雨すべてに対して条件分岐が適用されます。

注意
繰り返し処理の外に条件分岐を書いてしまう間違いがよくあります。繰り返し処理の中に書かないと、すべての雨に処理が適用されないので注意してください。

● プログラムを改善する
　雨が降り続けるようになりましたが、次の3点を改善しましょう。

参照
システム変数heightについては、67ページを見てください。

- yList[i]という記述を見やすくしたい。
- もっと多くの雨を降らせたい。
- 雨が降るスピードを速くしたい。

　これらを改善したプログラムは次のようになります。

リスト5-2-3

```
int count = 100;        ← 雨の個数を保存する変数を宣言
int speed = 2;          ← 雨のスピードを保存する変数を宣言
float[] xList = new float[count];
float[] yList = new float[count];  ← 要素数を変数countとして配列を宣言
void setup(){
  size(600, 400);
  for(int i = 0; i < count; i++){  ← 変数countを繰り返し処理の条件にする
    xList[i] = random(width);
    yList[i] = random(height);
  }
}
void draw(){
  background(0, 0, 255);
  for(int i = 0; i < count; i++){  ← 変数countを繰り返し処理の条件にする
    float y = yList[i];            ← 変数yにyList[i]を代入し、変数yを操作
    y = y + speed;
    if(y > height){
      y = 0;
    }
    yList[i] = y;                  ← 操作し終わった変数yをyList[i]に代入
    noStroke();
    ellipse(xList[i], yList[i], 5, 5);
  }
}
```

順番に解説していきましょう。

まず、雨の個数やスピードは**int**型の変数にしました。雨の量を増やしたり、雨のスピードを速くしたりする場合には、変数**count**や**speed**の値を変えます。

```
int count = 100;
int speed = 2;
```

このように変数にしておくと、土砂降りの雨もパラパラとした小雨も、この変数の値を変えるだけで表現できるようになり、余計な修正が不要になります。

「**yList[i]**」という記述が多すぎて見にくいので、**yList[i]**の内容をそのまま引き継ぐ変数**y**を宣言することで、少しだけ見やすくしました。**yList[i]**の代わりに変数**y**を使い、操作が終わったら値が変

> **注意**
> リスト5-2-3では、配列を宣言するときに要素数として変数countを指定しています。配列の要素数を変数で指定すると、要素数が変更になったときに変数の宣言を修正するだけで済みます。

化した変数yの内容をyList[i]に再代入（もう一度代入）します。

```
float y = yList[i];
y = y + speed;
// 省略（if文が入る）
yList[i] = y;
```

　配列を使うと、プログラムのコードが少し見にくくなります。このように一度使い捨て用の変数を用意すると、コードが見やすくなります。ただし、その場合には、再代入することを忘れないようにしてください！

図5-2-3

雨の量が増え、スピードが速くなった！

ポイント
変数countやspeedの値を変えて、雨の降り方がどのように変わるか確認してみましょう。

雪を降らせるプログラムを作ろう

　雨を降らせることはできましたか？
　雨のプログラムを少し改造すると、雪を降らせることができます。ゆらゆらとゆっくりと降る雪を作ってみましょう。

リスト5-2-4
```
int count = 100;        ← 雪の個数を保存する変数を宣言
int speed = 1;          ← 雪のスピードを保存する変数を宣言
float[] xList = new float[count];
float[] yList = new float[count];  ← 要素数を変数countとして配列を宣言
void setup(){
  size(600, 400);
```

```
    for(int i = 0; i < count; i++){     ◁ 変数countを繰り返し処理の条件にする
      xList[i] = random(width);
      yList[i] = random(height);
    }
}
void draw(){
    background(0, 0, 0);
    for(int i = 0; i < count; i++){     ◁ 変数countを繰り返し処理の条件にする
      float y = yList[i];               ◁ 変数yにyList[i]を代入し、変数yを操作
      y = y + speed;
      if(y > height){
        y = 0;
      }
      yList[i] = y;                     ◁ 操作し終わった変数yをyList[i]に代入
      float x = xList[i];               ◁ 変数xにxList[i]を代入し、変数xを操作
      x = x + random(-1, 1);            ◁ 変数xに乱数を足して雪のゆらぎを表現
      xList[i] = x;                     ◁ 操作し終わった変数xをxList[i]に代入
      noStroke();
      ellipse(xList[i], yList[i], 5, 5);
    }
}
```

図5-2-4

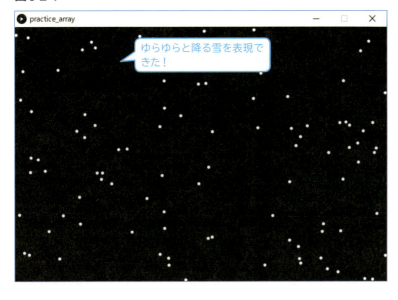

ゆらゆらと降る雪を表現できた！

リスト5-2-3とどこが違うかわかりましたか。

```
float x = xList[i];
x = x + random(-1, 1);
xList[i] = x;
```

　雪は雨とは違い、横にゆらゆらとゆらぎながら降ります。雨の場合はy座標のみを操作しましたが、雪の場合はx座標も操作します。random関数で−1以上1未満の乱数をx座標に足すことで、横のゆらぎを作っています。

　今回は雪っぽさを出すために、横のゆらぎを作ってゆらゆらさせてみました。このように、プログラムを少し改造することで、多彩な演出が可能になります。難しいことをしなくても、ちょっとしたアイデアで表現方法を変えるとクオリティがぐっと上がります。

宇宙を表現するプログラムを作ろう

　では、次に宇宙を表現してみましょう。シューティングゲームの背景に使われるような宇宙を演出します。
　雨とは違い、横に移動する星を描いてみます。

リスト5-2-5
```
int count = 100;              // 星の個数を保存する変数を宣言
int speed = 1;                // 星のスピードを保存する変数を宣言
float[] xList = new float[count];
float[] yList = new float[count];  // 要素数を変数countとして配列を宣言
void setup(){
  size(600, 400);
  for(int i = 0; i < count; i++){  // 変数countを繰り返し処理の条件にする
    xList[i] = random(width);
    yList[i] = random(height);
  }
}
void draw(){
  background(0, 0, 0);
  for(int i = 0; i < count; i++){  // 変数countを繰り返し処理の条件にする
    float x = xList[i];            // 変数xにxList[i]を代入し、変数xを操作
    x = x + speed;
    if(x > width){
      x = 0;
    }
```

```
      xList[i] = x;        ← 操作し終わった変数xをxList[i]に代入
      noStroke();
      ellipse(xList[i], yList[i], 5, 5);
  }
}
```

図5-2-5

星が横に流れていく宇宙を表現できた！

横に移動させるためにx座標の値を操作し、画面の右端まで移動したら（x座標がwidthを超えたら）左端に移動させます。

参照
システム変数widthについては、67ページを見てください。

●星のスピードをバラバラにする

横に移動するようにしたものの、いまいちシューティングゲームのような宇宙感はありません。どうしたらよいでしょうか。

リスト5-2-5ではすべての星を同じスピードで移動させており、さらに遠近感があまりないため、宇宙感が不足しているように思えます。スピードも配列で管理し、バラバラのスピードで移動するように変更してみましょう。

リスト5-2-6

```
int count = 100;                              ← 星の個数を保存す配列る変数を宣言
float[] xList = new float[count];             ← 要素数を変数countとして配列を宣言
float[] yList = new float[count];
float[] sList = new float[count];             ← 星のスピードを保存する配列を宣言
void setup(){
```

```
  size(600, 400);
  for(int i = 0; i < count; i++){    ◁ 変数countを繰り返し処理の条件にする
    xList[i] = random(width);
    yList[i] = random(height);
    sList[i] = random(1, 6);          ◁ 星のスピードを1〜5の乱数で生成
  }
}
void draw(){
  background(0, 0, 0);
  for(int i = 0; i < count; i++){    ◁ 変数countを繰り返し処理の条件にする
    float x = xList[i];              ◁ 変数xにxList[i]を代入し、変数xを操作
    x = x + sList[i];
    if(x > width){
      x = 0;
    }
    xList[i] = x;                    ◁ 操作し終わった変数xをxList[i]に代入
    noStroke();
    ellipse(xList[i], yList[i], 5, 5);
  }
}
```

図 5-2-6

星が流れていくスピードがバラバラになった！

　変数speedを削除し、float型の配列sListを宣言しています。配列の要素には、random関数により1〜5の乱数を生成して代入して

います。

　実行してみましょう。星のスピードがバラバラになったことで、**リスト5-2-5**より遠近感を表現できたのではないでしょうか。

● スピードの遅い星の奥行を出す

　さらに奥行を出すために、奥にある星、つまりスピードの遅い星の色を薄くしてみましょう。

　「薄くする」とは、具体的には「透明度を上げる」ということです。draw関数を次のように修正します。

> 参照
> 透明度については、131ページを見てください。

リスト5-2-7
```
void draw(){
  background(0, 0, 0);
  for(int i = 0; i<count; i++){      ← 要変数countを繰り返し処理の条件にする
    float x = xList[i];               ← 変数xにxList[i]を代入し、変数xを操作
    x = x + sList[i];
    if(x > width){
      x = 0;
    }
    xList[i] = x;                     ← 操作し終わった変数xをxList[i]に代入
    noStroke();
    float okuyuki = sList[i] / 5;     ← スピードを5で割ったり奥行指数を変数に代入
    fill(255, 255, 255, okuyuki * 255); ← 奥行指数を使ってアルファチャンネルを指定
    ellipse(xList[i], yList[i], 5, 5);
  }
}
```

　スピードが遅い星の色の透明度を上げるため、乱数で生成されたスピードをスピードの最大値である5で割り、奥行指数としています。奥行指数は、0～1の範囲で算出されます。

　そして、奥行指数に255を掛けて、fill関数の4番目の引数に指定します。4番目の引数はアルファチャンネルで、0～255の範囲で指定可能です。0に近くなるほど透明度が高くなります。

```
float okuyuki = sList[i] / 5;
fill(255, 255, 255, okuyuki * 255);
```

　実行してみましょう。奥にある星は、色が薄くスピードがゆったりとしています。より宇宙らしい背景になったのではないでしょうか。

図 5-2-7

まとめ

　これまで配列を使って雨や雪を降らせたり、ゲームの背景のような宇宙を作ったりしてきました。配列を使えばさまざまな表現が可能であること、ちょっとの工夫で表現が広がることがわかったと思います。
　続いて、配列を使ってアクションゲームを作ってみましょう。

5-3 配列を使ってアクションゲームを作ろう

ここでは配列を使ってアクションゲームを作ってみましょう。

アクションゲームを作ろう

配列について学んできたことを利用し、シンプルなアクションゲームを作っていきましょう。

ゲームのルールはシンプルです。白い球体（円）をプレイヤーとし、それ以外の球体を敵とします。プレイヤーより小さな球体を食べると、白い球体は大きくなります。敵の球体に食べられたらゲームオーバーです。完成図は次のようになります。

図 5-3-1

①setup関数とdraw関数を書こう

まずは基本のsetup関数とdraw関数を作ります。そろそろ何も見ないでも書けるようになったでしょうか？

リスト5-3-1
```
void setup(){
```

```
    size(600, 400);
}
void draw(){
    background(0);
}
```

画面のサイズを決定

画面の背景を黒にする

②プレイヤーとなる白の球体を動かそう

プレイヤーとなる白の球体を、マウスの位置についていくように表示します。

リスト5-3-2

```
float playerX;
float playerY;
float playerSize = 20;
void setup(){
    size(600, 400);
}
void draw(){
    background(0);
    playerX = mouseX;
    playerY = mouseY;
    noStroke();
    fill(255);
    ellipse(playerX, playerY, playerSize, playerSize);
}
```

プレイヤーのx座標、y座標、サイズを保存する変数を宣言

画面のサイズを決定

画面の背景を黒にする

プレイヤーのx座標、y座標にマウスの位置の座標を代入

プレイヤーの表示に必要な float 型の変数を3つ宣言しています。そのうち、playerX と playerY に、draw 関数の中でマウスの位置の座標（システム変数の mouseX と mouseY）を代入します。なお、プレイヤーは1人だけなので、配列ではなく変数を使用します。

実行してマウスの位置にプレイヤーが表示されることを確認してください。

参照

mouseXとmouseYについては、67ページを見てください。

図 5-3-2

白の球体がマウスについてくる！

③敵となる球体を表示しよう

敵の球体を表示しましょう。ここで配列を使います。

リスト 5-3-3

```
float playerX;
float playerY;
float playerSize = 20;
int enemyCount = 100;
float[] enemyXList = new float[enemyCount];
float[] enemyYList = new float[enemyCount];
void setup(){
  size(600, 400);
  for(int i = 0; i < enemyCount; i++){
    enemyXList[i] = 0;
    enemyYList[i] = random(0, height);
  }
}
void draw(){
  background(0);
  playerX = mouseX;
  playerY = mouseY;
  for(int i = 0; i < enemyCount; i++){
```

◁ プレイヤーのx座標、y座標、サイズを保存する変数を宣言

◁ 敵の数を保存する変数を宣言

◁ 敵のx座標、y座標を保存する配列を宣言

◁ 画面のサイズを決定

◁ 繰り返し処理で敵のx座標に0、y座標に乱数を代入

◁ 画面の背景を黒にする

◁ プレイヤーのx座標、y座標にマウスの位置の座標を代入

```
    enemyXList[i] += 1;                        ◁ 敵のx座標に1を足す
    noStroke();
    fill(255);
    ellipse(enemyXList[i], enemyYList[i], 20, 20); ◁ 敵を表示
  }
  noStroke();
  fill(255);
  ellipse(playerX, playerY, playerSize, playerSize);
}
```

雨や星を作ったときと同じ要領(ようりょう)で、敵(enemy)のx座標とy座標を保存する配列を宣言します。

setup関数の中で、繰り返し処理を使い、すべての敵の初期位置を決めています。

draw関数の中では、繰り返し処理を使い、すべての敵のx座標に1を足し、ellipse関数で表示します。

実行すると、次のようになってしまいます。

> **参照**
> リスト5-3-3では、enemyXList[i] += 1;のように複合代入演算子(ふくごう)を使っています。複合代入演算子については、70ページを見てください。

図5-3-3

敵が一度に表示されてしまう!

これは、すべての敵が一度に表示されてしまっているからです。

最終的に目指すゲームとは違いますが、次はマウスをクリックするたびに敵が1体ずつ表示されるようにしてみましょう。

④敵の球体を1体ずつ出現させてみよう

画面をクリックするたびに敵が出現するしくみに変えていきます。

最終的には自動的にすべての敵が出現するようにしますが、まずは自動ではなくクリックにより出現させるようにします。いきなり自動にしないのは、不具合が起きたときに、敵を出現させる処理がおかしいのか自動で出現させるための条件がおかしいのか、どこが悪いのかわかりにくくなってしまうからです。プログラムがだんだん長くなってきましたが、これまで何度もやっていることがほとんどです。なので、あわてず順番に流れを追っていきましょう。

リスト5-3-4

```
float playerX;                                              ← プレイヤーのx座標、y座標、サ
float playerY;                                                イズを保存する変数を宣言
float playerSize = 20;
int enemyCount = 100;                                       ← 敵の数を保存する変数を宣言
float[] enemyXList = new float[enemyCount];                 ← 敵のx座標、y座標を保存する配
float[] enemyYList = new float[enemyCount];                   列を宣言
boolean[] enemyActiveList = new boolean[enemyCount];
void setup(){                                               ← 敵が出現しているかを管理する
  size(600, 400);                                             配列を宣言
  for(int i = 0; i < enemyCount; i++){
    enemyXList[i] = 0;                                      ← 繰り返し処理で敵のx座標に0、
    enemyYList[i] = random(0, height);                        y座標に乱数を代入
    enemyActiveList[i] = false;                             ← 初期状態では出現しないため、
  }                                                           falseを代入
}
void draw(){
  background(0);                                            ← 画面の背景を黒にする
  playerX = mouseX;                                         ← プレイヤーのx座標、y座標にマ
  playerY = mouseY;                                           ウスの位置の座標を代入
  for(int i = 0; i < enemyCount; i++){
    if(enemyActiveList[i] == true){                         ← 敵が出現しているかを判定
      enemyXList[i] += 1;                                   ← 敵のx座標に1を足す
      noStroke();
      fill(255);                                            ← 敵を表示
      ellipse(enemyXList[i], enemyYList[i], 20, 20);
    }
```

```
  }
  noStroke();
  fill(255);
  ellipse(playerX, playerY, playerSize, playerSize);
}
void mousePressed(){
  for(int i = 0; i < enemyCount; i++){
    if(enemyActiveList[i] == false){
      enemyActiveList[i] = true;
      break;
    }
  }
}
```

- マウスのクリック時に実行される
- 繰り返し処理で出現していない敵の番号を探す
- 出現していない場合にはtrueを代入
- 強制的に繰り返し処理を終了

実行すると、画面をクリックするたびに敵が出現します。

図5-3-4

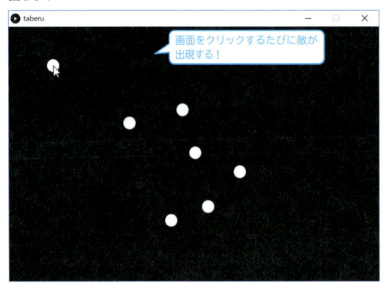

画面をクリックするたびに敵が出現する！

では、修正したプログラムを順に解説します。

まず敵が出現しているかどうかを管理するための配列を宣言します。

`boolean[] enemyActiveList = new boolean[enemyCount];`

配列の各要素には、敵が出現しているか（**true**）、出現していないか（**false**）を示す**boolean**型の値を代入します。電気のスイッチのオンとオフのように、2つの状態のいずれかをとるものを「**フラグ**」と呼びます。**プログラミングの世界では、オンの状態をtrue、オフ**

意味は
activeは、日本語では「活動中の」といった意味です。

参照
boolean型については、64ページを見てください。

の状態をfalseで示します。

　この配列には初期値として、setup関数の中で繰り返し処理によりfalse（出現していない）を代入します。

```
for(int i = 0; i < enemyCount; i++){
  enemyXList[i] = 0;
  enemyYList[i] = random(0, height);
  enemyActiveList[i] = false;
}
```

　マウスのクリックを検知するにはmousePressed関数を定義すればよいことを覚えていますか？

```
void mousePressed(){
  for(int i = 0; i < enemyCount; i++){
    if(enemyActiveList[i] == false){
      enemyActiveList[i] = true;
      break;
    }
  }
}
```

> **参照**
> mousePressed関数については、80ページを見てください。

　mousePressed関数では、配列enemyActiveListの要素を順番にチェックし、出現していない（配列の要素の値がfalseである）敵を探しています。出現していない場合には、出現させるようにフラグをfalseからtrueに変えています。

　今回は「break」文を使っています。これは「繰り返し処理をここでやめる」命令です。もし、ここでbreakしないと、配列のすべての要素にtrueが代入されてしまうことに注意してください。

> **ポイント**
> 繰り返し処理で配列の中から特定の要素を探して処理を行う場合には、目的の処理を終えたらbreakして繰り返し処理を終わらせましょう。

> **意味は**
> breakは、日本語では「中断する」などの意味です。

⑤敵のスピード、サイズ、色をランダムにしよう

　敵のスピード、サイズ、色をランダムにしていきます。まずは、これらの値を保存しておく配列が必要ですね。そして、setup関数でこれらの配列に値を設定し、draw関数の中で利用していきます。

リスト5-3-5

```
// ほかの変数の宣言は省略(リスト5-3-4と同じ変数の宣言が必要)
float[] enemySpeedList = new float[enemyCount];
float[] enemySizeList = new float[enemyCount];
color[] enemyColorList = new color[enemyCount];
```

← 敵のスピード、サイズ、色を保存する配列を宣言

```
void setup(){
  size(600, 400);
  for(int i = 0; i < enemyCount; i++){
    enemyXList[i] = 0;                                          // 繰り返し処理で敵のx座標に0、y座標に乱数を代入
    enemyYList[i] = random(0, height);
    enemyActiveList[i] = false;                                 // 初期状態では出現しないため、falseを代入
    enemySpeedList[i] = random(1, 3);                           // 敵のスピード、サイズ、色に乱数を代入
    enemySizeList[i] = random(10, 30);
    enemyColorList[i] = color(random(256), random(256), random(256));
  }
}
void draw(){
  background(0);                                                // 画面の背景を黒にする
  playerX = mouseX;                                             // プレイヤーのx座標、y座標にマウスの位置の座標を代入
  playerY = mouseY;
  for(int i = 0; i < enemyCount; i++){
    if(enemyActiveList[i] == true){                             // 敵が出現しているかを判定
      enemyXList[i] += enemySpeedList[i];                       // 敵のスピードを足す
      noStroke();
      fill(enemyColorList[i]);                                  // 敵の色を指定
      ellipse(enemyXList[i], enemyYList[i],
          enemySizeList[i], enemySizeList[i]);                  // サイズを指定して敵を表示
    }
  }
  noStroke();
  fill(255);
  ellipse(playerX, playerY, playerSize, playerSize);
}
// mousePressed関数は省略(リスト5-3-4と同じものが必要)
```

　敵の色をバラバラにするために、color型の配列を使っています。color型はその名のとおり、色に関する情報をもつデータ型です。

　setup関数の中ではcolor関数とrandom関数を使い、ランダムな色情報を作成しています。この色情報を、draw関数の中でfill関数に渡し、敵をバラバラの色にしています。

　プログラムを実行すると、クリックするたびにスピード、サイズ、色がバラバラの敵が1体ずつ出現します。

図5-3-5

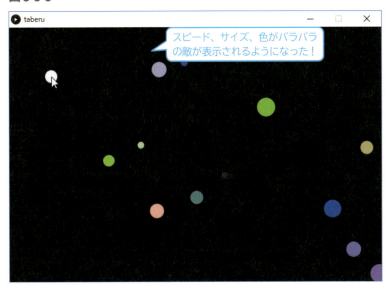

⑥当たり判定を作ろう

敵が出現するようになったので、敵とぶつかったかどうかの当たり判定を行います。

難しそうに思えますが、円同士の場合はそれほどではありません。2つの円の中心間の距離がそれぞれの半径を足した距離より大きいか小さいかを判定します。

参照
当たり判定については、111ページを見てください。

図5-3-6

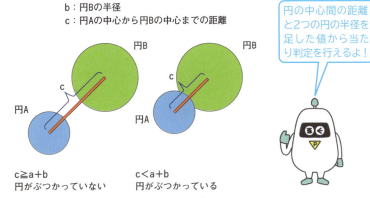

● 当たり判定を行う関数を定義する

まずは当たり判定だけを行う関数を作りましょう。

リスト5-3-6
```
boolean isHit(float px, float py, float ps,
              float ex, float ey, float es){
  float distance = dist(px, py, ex, ey);
  if(distance < ps / 2 + es / 2){
    return true;
  }
  return false;
}
```

isHit という名前の関数を定義しました。戻り値はboolean型、つまりフラグです。当たっていればtrue、当たっていなければfalseを返します。この関数をリスト**リスト5-3-5**の最後に追加します。

当たり判定にはそれぞれの円の「中心座標」と「半径」が必要です。isHitが必要な値を受け取れるように、float型の引数を6つ指定します。最初の3つが1番目の円のx座標、y座標、直径、残りの3つが2番目の円のx座標、y座標、直径です。

円の中心間の距離は次のように求めます。

```
float distance = dist(px, py, ex, ey);
```

dist関数は、2つの座標間の距離を取得して返します。

意味は
isは日本語では「〜です」、hitは「ぶつかる」という意味があります。

意味は
distは、distance（日本語では「距離」）の略です。

書式
dist(x1, y1, x2, y2)

役割
　座標1（x1、y1）と座標2（x2、y2）の間の距離を返す。

戻り値
　float型

引数
　x1：座標1のx座標
　y1：座標1のy座標
　x2：座標2のx座標
　y2：座標2のy座標

取得した距離が2つの円の半径を足した値より小さい場合はtrue（ぶつかった）、それ以外はfalse（ぶつかっていない）を返します。

```
if(distance < ps / 2 + es / 2){
  return true;
}
```

注意
isHit関数は引数として直径を受け取っているため、引数を2で割って半径を求めていることに注意してください。

```
  return false;
```

●当たり判定を行う関数を呼び出す

では次に、今作った isHit 関数を使って、**リスト5-3-5** の draw 関数に円がぶつかったときの処理を書いていきましょう。

リスト5-3-7
```
void draw(){
  background(0);                                  // 画面の背景を黒にする
  playerX = mouseX;                               // プレイヤーのx座標、y座標にマ
  playerY = mouseY;                               // ウスの位置の座標を代入
  for(int i = 0; i < enemyCount; i++){
    if(enemyActiveList[i] == true){               // 敵が出現しているかを判定
      enemyXList[i] += enemySpeedList[i];
      if(isHit(playerX, playerY, playerSize,      // isHit関数を呼び出す
          enemyXList[i], enemyYList[i], enemySizeList[i])){
        playerSize = playerSize + 1;              // ぶつかっていればプレイヤーの
                                                  // サイズに1を足す
        enemyActiveList[i] = false;               // 敵の出現を示すフラグにfalse
                                                  // を代入
      }
      noStroke();
      fill(enemyColorList[i]);                    // 敵の球体の色を指定
      ellipse(enemyXList[i], enemyYList[i],
          enemySizeList[i], enemySizeList[i]);    // サイズを指定して敵を表示
    }
  }
  noStroke();
  fill(255);                                      // プレイヤーを表示
  ellipse(playerX, playerY, playerSize, playerSize);
}
```

敵とぶつかったとき、プレイヤーは敵を食べて少しずつ大きくなります。そのため、isHit 関数が true を返した場合は、プレイヤーのサイズに1を足し、敵が消えるように出現を示すフラグに false を代入します。

気づいた人がいるかもしれませんが、**リスト5-3-7** では、条件分岐の if 文の中で isHit 関数を呼び出しています。

```
if(isHit(playerX, playerY, playerSize,
    enemyXList[i], enemyYList[i], enemySizeList[i]) ==true){
```

```
    // 省略
}
```

　戻り値がboolean型の関数はif文の中で呼び出すことができます。関数がtrueを返すと、条件が満たされ、if文の処理が実行されます。

　よく見ると、**リスト5-3-7**では、「== true」がありません。「戻り値がboolean型の関数がtrueを返す」ことを判定する場合、「== true」の記述を省略できるのです。

　今回は、if文の中でisHit関数を呼び出す記述が長くなってしまったので、「== true」を省略しました。

図5-3-7

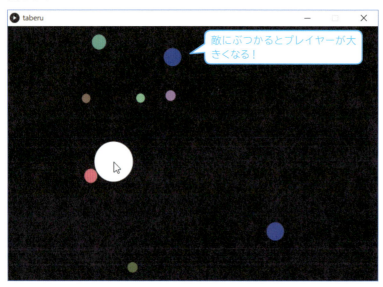

　敵にぶつかると、プレイヤーが少しずつ大きくなりましたか？
　最終的には、自分より小さな敵しか食べられず、自分より大きな敵とぶつかると食べられてしまうゲームにしますが、今のところは当たり判定の動作確認ができただけでよいでしょう。

⑦敵が自動で出現するようにしよう

　次はいよいよ自動で敵が出現するようにしましょう。

● mousePressed関数をコメントにする

　クリックを検知するmousePressed関数は不要になるため、次のようにコメントにします。

リスト5-3-8

```
/*
void mousePressed(){
  for(int i=0; i<enemyCount; i++){
    if(enemyActiveList[i] == false){
      enemyActiveList[i] = true;
      break;
    }
  }
}
*/
```

> /*から*/までをコメントにする

ポイント
//は後ろの記述をコメントにします。/*と*/を使うと、囲んだ範囲をコメントにします。複数行をコメントにする場合に便利です。

注意
このようにコメントにすることで、削除はしたくないけれど、プログラムとして動作させたくないコードをとっておくことができます。

●敵を出現させる関数を定義する

では、敵を1体出現させる関数を作りましょう。createEnemy（クリエイト）という名前で関数を定義します。

意味は
createは、日本語では「創造する」「作り出す」という意味です。

リスト5-3-9

```
void createEnemy(){
  float x = 0;
  float y = random(0, height);
  float speed = random(-3, 4);
  if(speed < 0){
    x = width;
  }
  float size = random(playerSize * 0.5, playerSize * 2);
  color col = color(random(256), random(256), random(256));
  for(int i = 0; i < enemyCount; i++){
    if(enemyActiveList[i] == false){
      enemyXList[i] = x;
      enemyYList[i] = y;
      enemySpeedList[i] = speed;
      enemySizeList[i] = size;
      enemyColorList[i] = col;
      enemyActiveList[i] = true;
      break;
    }
  }
}
```

> 敵のx座標、y座標、スピードを乱数で生成

> 敵のサイズと色を乱数で生成

> 繰り返し処理で出現していない敵の番号を探す

> 出現していなければ出現させる

> 繰り返し処理を終了

第5章 配列と繰り返し処理でさまざまな表現を作ろう

createEnemy関数では、最初に敵のx座標、y座標、スピード、サイズ、色を乱数により生成しています。

```
float x = 0;
float y = random(0, height);
float speed = random(-3, 4);
if(speed < 0){
  x = width;
}
float size = random(playerSize * 0.5, playerSize * 2);
color col = color(random(256), random(256), random(256));
```

スピードを表す変数speedが−3〜3という範囲でマイナスを含む乱数になっている点に注目してください。これは右だけでなく左にも移動できるように考慮した設計です。

speedの値がマイナスの場合は、左へ移動します。その際には右端から出現しなければなりません。そのために、if文でx座標を画面のサイズのwidth、つまり画面の右端に設定しています。

また、敵のサイズはプレイヤーのサイズをもとに算出するために、playerSizeの0.5倍以上2倍未満の範囲の乱数としています。

あとは出現していない敵を探し、生成した値を指定して円を描きます。そのあと、出現フラグ（enemyActiveList[i]）にtrueを代入して、出現させます。

> **注意**
> color型変数colは、colorを省略して名前を付けています。変数には、このように英単語を省略した名前を付けることがよくあります。

```
for(int i = 0; i < enemyCount; i++){
  if(enemyActiveList[i] == false){
    enemyXList[i] = x;
    enemyYList[i] = y;
    enemySpeedList[i] = speed;
    enemySizeList[i] = size;
    enemyColorList[i] = col;
    enemyActiveList[i] = true;
    break;
  }
}
```

> **注意**
> 敵を出現させる処理を行ったあとは、breakでfor文の処理を途中でやめることを忘れないようにしましょう。

● createEnemy関数を使って敵を出現させる

リスト5-3-7の最後にcreateEnemy関数を追加し、createEnemy関数を呼び出すようにdraw関数を修正します。

リスト5-3-10

```
int count = 0;
void draw(){
  // 省略(リスト5-3-7のdraw関数の内容が入る)
  count += 1;
  if(count % 30 == 0){
    createEnemy();
  }
}
```

> draw関数の呼び出し回数を保存する変数を宣言

> 変数countを30で割った余りが0のときにcreateEnemyを呼び出す

　int型の変数countを宣言し、draw関数が実行されるたびに1を足します。countを30で割った余りが0、つまり30で割り切れたときに、createEnemy関数を実行します。draw関数は1秒間に約60回実行されるため、おおよそ0.5秒に1体、敵が出現する計算になります。

● setup関数を修正する

　createEnemy関数を作ったため、setup関数内の初期値を設定するコードが不要になります。コメントにするか、削除しましょう。

リスト5-3-11

```
void setup(){
  size(600, 400);
/*
  for(int i=0; i<enemyCount; i++){
    enemyXList[i] = 0;
    enemyYList[i] = random(0, height);
    enemyActiveList[i] = false;
    enemySpeedList[i] = random(1, 3);
    enemySizeList[i] = random(10, 30);
    enemyColorList[i] = color(random(256), random(256), random(256));
  }
*/
}
```

> 各変数に値を設定する繰り返し処理をコメントにする

図 5-3-8

敵が自動で出現するようになった！

⑧敵とぶつかったときの処理を修正しよう

敵が自動で出現するようになったので、敵とぶつかったときの処理をきちんと修正しましょう。これでだいぶゲームっぽくなります。

● 自分より小さい敵しか食べられないようにする

まず自分より小さい敵しか食べられないようにします。リスト5-3-10のdraw関数で、isHit関数を呼び出す処理を修正します。

リスト5-3-12

```
void draw(){
  // 省略(背景色の指定、プレイヤーの座標の変数の宣言)
  for(int i = 0; i < enemyCount; i++){
    if(enemyActiveList[i] == true){
      enemyXList[i] += enemySpeedList[i];
      if(isHit(playerX, playerY, playerSize,         ← isHit関数を呼び出す
          enemyXList[i], enemyYList[i], enemySizeList[i])){
        if(playerSize > enemySizeList[i]){           ← プレイヤーが敵より大きい場合
          playerSize += enemySizeList[i] * 0.1;      ← プレイヤーのサイズを変更
          enemyActiveList[i] = false;                ← 敵の出現を示すフラグにfalseを代入
        }
      }
    }
    // 省略(敵の表示)
```

```
    }
  }
  // 省略(プレイヤーの表示、createEnemy関数の呼び出し)
}
```

isHit関数がtrueを返した場合に、プレイヤーのサイズとぶつかった敵のサイズを比較して、プレイヤーが大きいときにのみ、敵を食べる処理を行っています。その場合は、敵のサイズの0.1倍をプレイヤーに足しています。

図5-3-9

●大きい敵にぶつかったらゲームオーバーにする

自分より小さな敵しか食べられなくなりましたが、このままでは自分より大きな敵にぶつかったときはそのまま素通りしてしまいます。

自分より大きな敵にぶつかったら食べられてしまい、ゲームオーバーにしましょう。自分より小さな敵の場合の処理は記述したので、**リスト5-3-12**のdraw関数に条件に当てはまらなかった場合の処理をelseを使って記述します。

> 参照
> elseについては、133ページを見てください。

リスト5-3-13
```
void draw(){
  // 省略(背景色の指定、プレイヤーの座標の変数の宣言)
  for(int i = 0; i < enemyCount; i++){
    if(enemyActiveList[i] == true){
```

```
            enemyXList[i] += enemySpeedList[i];
            if(isHit(playerX, playerY, playerSize,            ◁ isHit関数を呼び出す
                enemyXList[i], enemyYList[i], enemySizeList[i])){
                if(playerSize > enemySizeList[i]){             ◁ プレイヤーが敵より大きい場合
                    playerSize += enemySizeList[i] * 0.1;      ◁ プレイヤーのサイズを変更
                    enemyActiveList[i] = false;                ◁ 敵の出現を示すフラグにfalse
                } else{                                           を代入
                                                               ◁ ここにゲームオーバーの処理を
                                                                  書く
                }
            }
            // 省略(敵の表示)
        }
    }
    // 省略(プレイヤーの表示、createEnemy関数の呼び出し)
}
```

⑨ゲームオーバーの処理を作ろう

では、ゲームオーバーの処理を作りましょう。

● ゲームのステータスを管理する変数を宣言する

まず、ゲーム全体の動きやステータスを管理する変数を宣言します。int型の変数gameStatus（ゲームステータス）です。1であればゲーム中、2であればゲームオーバーにします。

そして、ぶつかったかどうかを判定する条件分岐でelseのときに、この変数に2を代入します。

意味は
statusは、日本語では「状態」「ステータス」という意味です。

リスト5-3-14
```
int gameStatus = 1;                                            ◁ ゲームのステータスを管理する
void draw(){                                                      変数を宣言し、1で初期化
    // 省略(背景色の指定、プレイヤーの座標の変数の宣言)
    for(int i = 0; i < enemyCount; i++){
        if(enemyActiveList[i] == true){
            enemyXList[i] += enemySpeedList[i];
            if(isHit(playerX, playerY, playerSize,            ◁ isHit関数を呼び出す
                enemyXList[i], enemyYList[i], enemySizeList[i])){
                if(playerSize > enemySizeList[i]){             ◁ プレイヤーが敵より大きい場合
                    playerSize += enemySizeList[i] * 0.1;      ◁ プレイヤーのサイズを変更
```

```
      enemyActiveList[i] = false;
    } else{
      gameStatus = 2;
    }
  }
  // 省略(敵の表示)
  }
 }
 // 省略(プレイヤーの表示、createEnemy関数の呼び出し)
}
```

敵の出現を示すフラグにfalseを代入

ゲームのステータスを管理する変数に2を代入

● ゲームオーバーのときにはプレイヤーを表示しない

さらに、ゲームオーバーのときにはプレイヤーを表示しないようにして、「GAME OVER」と表示するようにしましょう。draw関数を次のように修正します。

リスト5-3-15

```
int gameStatus = 1;
void draw(){
  background(0);
  playerX = mouseX;
  playerY = mouseY;
  for(int i = 0; i < enemyCount; i++){
    // 省略(敵との当たり判定、敵の表示)
  }
  // 省略(プレイヤーの表示)
  if(gameStatus == 1){
    noStroke();
    fill(255);
    ellipse(playerX, playerY, playerSize, playerSize);
  }
  if(gameStatus == 2){
    fill(255);
    textAlign(CENTER);
    text("GAME OVER", width / 2, height / 2);
  }
  count += 1;
  if(count % 30 == 0){
```

ゲームのステータスを管理する変数を宣言し、1で初期化

変数gameStatusが1(ゲーム中)の場合

プレイヤーを表示

変数gameStatusが2(ゲームオーバー)の場合

「GAME OVER」を表示

変数countを30で割った余りが0のときにcreateEnemyを呼び出す

```
    createEnemy();
  }
}
```

　ゲーム中、つまり変数gameStatusが1のときだけプレイヤーを表示するために、条件式gameStatus == 1がtrueを返すときだけ、プレイヤーを表示します。

　また、ゲームオーバー中、つまり変数gameStatusが2のときには「GAME OVER」を表示します。

図5-3-10

大きな敵にぶつかるとゲームオーバー！

⑩スタート画面を作成しよう

　ゲームオーバーの処理ができたため、ゲームとしての完成度がぐっと上がりました。せっかくなので、ゲームオーバーしたときに再開できるようにしましょう。

●スタート画面を作る

　変数gameStatusの初期値を0にします。0はスタート画面にして、draw関数の最初にスタート画面を表示する処理を追加します。

リスト5-3-16

```
int gameStatus = 0;
void draw(){
```

ゲームのステータスを管理する変数を宣言し、0で初期化

```
background(0);
if(gameStatus == 0){                    ← 変数gameStatusが0（スター
    fill(255);                             ト画面）の場合
    textAlign(CENTER);
    text("GAME START", width / 2, height / 2);  ← 「GAME START」を表示
    return;
}                                       ← draw関数から抜ける
// 省略(リスト5-3-15のdraw関数の内容が入る)
}
```

変数gameStatusが0のとき、つまりスタート画面のときは、text関数で「GAME START」と表示します。

ここで注目してほしいのが、「return」です。

draw関数はvoidなので、戻り値がありません。しかし、returnを記述することができます。returnを記述すると、関数のそれ以降の処理が実行されません。以降の処理には、ゲームを続けるための処理がたくさん記述されており、実行したくありません。処理をそこでやめたい場合にreturnを記述すると覚えておいてください。

参照
returnについては、119ページを見てください。

図5-3-11

スタート画面が表示された！

●スタート画面をクリックしたらゲームをスタートさせる

スタート画面をクリックしたらゲームが始まるようにしたいので、mousePressed関数を使います。変数gameStatusが0のときは1（ゲーム中）に設定してゲームをスタートし、2のとき、つまりゲーム

オーバーの場合は0に設定してスタート画面に戻るようにします。

mousePressed関数の前後の/*と*/を削除し、修正します。

リスト5-3-17
```
void mousePressed(){
  if(gameStatus == 0){
    gameStatus = 1;
  }
  if(gameStatus == 2){
    gameStatus = 0;
  }
}
```

0（スタート画面）の場合は1（ゲーム中）に設定

2（ゲームオーバー）の場合は0（スタート画面）に設定

　これで完成です。プログラムを実行して、ゲームをプレイしてみましょう。

注意

ゲームオーバーのあとにスタート画面からゲームをスタートすると、前回のプレイの続きからになってしまいます。前回の続きからではなく、最初からゲームをやり直すようにするには、敵の情報を保存している変数や配列の内容を初期値に戻す必要があります。ゲームオーバーのあとにゲームをリスタートできるようにしたプログラムは、技術評論社のWebサイトからダウンロードできます。ダウンロードについては、12ページを見てください。

まとめ

　本章では配列を学んできました。配列を使うと、たくさんの敵を表示したり、動かしたりできることがわかってもらえたかなと思います。

　配列をうまく使いこなし、変数だけを学んだときよりも一歩進んだ作品を作ってみましょう。

　たとえば、変数だけなら敵が1体しかなかったゲームも、配列を使えば、本章で説明したように、それほど長くないプログラムでたくさんの敵を表示できるようになります。シューティングゲームであれば、たくさんの弾丸を表示して、弾幕シューティングだって作れそうです。

　変数だけでもゲームは作れますが、配列を使えばよりダイナミックなゲームが作れそうですね！

　次章では、さらにダイナミックなゲームが作れるようになる、「クラス」を学びます。クラスでも配列を使うので、配列がわからなくなったらもう一度本章を復習しましょう！

配列は、基本的には繰り返し処理と一緒に使うこと、短い記述でたくさんの値を操作できることを覚えておきましょう！

第6章 クラスとオブジェクトを活用しよう

配列と繰り返し処理って便利だね。一気にたくさんの情報を扱えるんだなあ！

でも、配列の数もその中の要素の数もどんどん増えていくと、管理が難しくなりそう。

よいところに気がついたね！ 実は、クラスを使えば、配列で別々に管理していた値を1つにまとめることができるんだ。

クラス……。また、新しい言葉が出てきた。

クラスはオブジェクト指向の基本であり、プログラミングの世界ではとても有名で、多くのプログラマが使っているよ。

じゃあ、クラスを覚えたら一人前のプログラマになれる？

もちろんさ！ さあ、本格的なプログラマへの第一歩としてクラスを学んでいこう！

6-1　クラスを理解しよう
6-2　配列と一緒にクラスとオブジェクトを使ってみよう
6-3　クラスとオブジェクトを使ってシューティングゲームを作ろう

6-1 クラスを理解しよう

第5章では、敵の球体を描くのにたくさんの配列を使いました。クラスを使うと、それをひとまとめにすることができます。

「モノ」を表すオブジェクトに値をまとめよう

第5章で作成したアクションゲームでは、敵の球体を描くために「x座標」「y座標」「出現フラグ」「スピード」「サイズ」「色」などの値が必要でした。第5章ではこれらの値を別々の配列で管理しましたが、これらの配列は一見しただけでは何のために使うかわかりません。そのため、敵の球体を描くときに必要なのに、配列の要素を指定し忘れたという誤りなどが起こりやすくなります。

クラスを使うと、「敵の球体」という**オブジェクト**を作り、x座標などの値をオブジェクトにもたせることができます。**必要な値がオブジェクトにまとめられている**ため、球体を描くときに指定し忘れたり、ほかの球体の情報と間違えたりすることはありません。

意味は
オブジェクト(object)は、日本語では「物」「物体」という意味です。

このように、Processingではオブジェクトを使ってプログラミングをすることができます。「Processingでは」と言いましたが、クラスやオブジェクトを使えるのは、**オブジェクト指向言語**と呼ばれるプログラミング言語に限られます。Processingは、オブジェクト指向言語として有名なJavaをもとに作られており、Processing自体もオブジェクト指向言語です。

オブジェクト(object)は、日本語で「物」という意味だよ。

図6-1-1

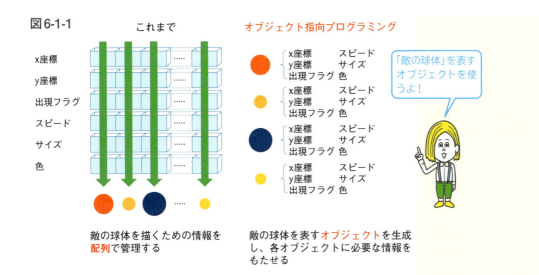

クラスを定義しよう

オブジェクトを作り、利用するには、**クラス**を定義する必要があります。

第5章では、アクションゲームの敵の球体に必要な値は、次のように配列を利用して管理しました。

> **意味は**
> クラス（class）は、日本語では「学級」「授業」など以外に「分類」「種類」といった意味があります。

リスト6-1-1

```
float[] enemyXList = new float[enemyCount];      // x座標
float[] enemyYList = new float[enemyCount];      // y座標
boolean[] enemyActiveList =                      // 出現フラグ
    new boolean[enemyCount];
float[] enemySpeedList = new float[enemyCount];  // スピード
float[] enemySizeList = new float[enemyCount];   // サイズ
color[] enemyColorList = new color[enemyCount];  // 色
```

配列は便利なしくみですが、別々の配列で管理していると、敵の球体にはどのような値が必要なのか、パッと見ただけではわかりにくいです。

そこで、別々の配列を使う代わりに、必要な値をオブジェクトにまとめて使えるようにします。そのためには、オブジェクトにどのような値をもたせるかを示すクラスを定義する必要があります。

リスト6-1-2

```
class Kyutai{
```

```
    public float x;          // x座標
    public float y;          // y座標
    public boolean isActive; // 出現フラグ
    public float speed;      // スピード
    public float size;       // サイズ
    public color col;        // 色
}
```

classは、クラスを定義することを示します。続いてクラス名を書き、{と}の間にクラスの内容を書きます。クラス名は、変数と同じく、そのクラスが何かがわかりやすいものにし、**先頭を大文字**にします（慣例的なもので、小文字でもエラーにはなりません）。

クラスの内容としては、オブジェクトにもたせる値の型と変数名を書きます。**リスト6-1-2**を見ると変数の宣言と似ていますが、先頭に**public**と書かれています。これは、クラス内で宣言した変数を外部に公開することを意味します。

注意

クラス内の変数には、public以外にも、privateなどを使えますが、本書ではすべてpublicを使います。publicやprivateをアクセス修飾子といいます。

意味は

publicは、日本語では「公開の」といった意味です。privateは、「非公開の」「個人の」という意味があります。

図6-1-2

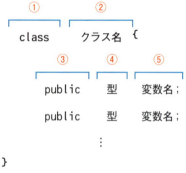

```
    ①     ②
   class  クラス名 {
           ③      ④    ⑤
          public  型   変数名；
          public  型   変数名；
           ：
}
```

クラスの定義方法を覚えよう！

①class（クラスを定義することを示す）
②クラス名（通常は先頭を大文字にする）
③public（変数を外部に公開することを示す）
④型
⑤変数名

オブジェクトを生成して利用しよう

クラスを定義したら、次のようにオブジェクトを生成します。

`Kyutai kyutai = new Kyutai();`

Kyutai kyutaiは、Kyutaiクラス型の変数kyutaiを宣言しています。そして、**new Kyutai()**は、「Kyutaiクラスのオブジェクトを生成する」という意味です。生成されたオブジェクトは、＝演算子により、変数kyutaiに代入されます。

なぜ、クラスからオブジェクトを生成するのでしょうか。
classでクラスを定義することは、オブジェクトの設計図を書くようなものです。少し難しい話になりますが、Kyutaiクラスを定義した段階では、Kyutaiクラスのオブジェクトはfloat型の変数x、float型の変数y、……をもつと示しているだけで、コンピュータのメモリ上に値を入れるための領域が確保されるわけではありません。つまり、クラスを定義しただけでは、値を入れられる状態にはならないのです。**new Kyutai()**によりオブジェクトを生成することで、コンピュータのメモリ上に領域が確保され、オブジェクトに値が入れられるようになります。

自動車に例えると、「自動車の設計図」だけでは自動車は利用できません。設計図をもとに**自動車というオブジェクト（実体）を作って初めて利用できるようになります。**そして、設計図が1つあれば、自動車というオブジェクトを複数生成できるのです。

図6-1-3

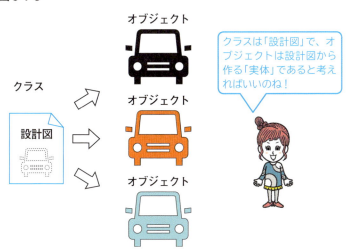

クラスは「設計図」で、オブジェクトは設計図から作る「実体」であると考えればいいのね！

生成したオブジェクトは、次のように利用します。

```
kyutai.x = random(256);
fill(kyutai.col);
```

Kyutaiクラスではfloat型の変数を宣言していますが、これらの変数をクラスの**フィールド**と呼びます。オブジェクトを代入した変数名に「**.**（ピリオド）」を付け、そこにフィールド名（上の例では「x」「col」）を続けて記述することで、オブジェクトのフィールドを使用できます。

> **注意**
> メモリとは、データを記憶する部品のことです。

> **ポイント**
> 配列を利用するときにも、`float[] xList = new float[100];`のように、newを使います（148ページを参照）。配列の場合も、`float[] xList`は「float型の配列を使う」ことを示すだけで、`new float[100]`により初めて要素を100個もつ配列の領域がコンピュータのメモリ上に確保され、値を入れられるようになります。つまり、配列もオブジェクトの仲間なのです。

> **意味は**
> オブジェクト指向の世界では、クラスからnewによって生成したオブジェクトのことを「インスタンス」と呼びます。インスタンス（instance）は日本語では「（具体的な）例」という意味です。

> **意味は**
> フィールド（field）は、日本語では「場」「草原」などの意味です。

> **注意**
> クラスには、フィールドだけでなく関数を定義することができます。クラスの中で定義した関数をメソッドといいます。

まとめ

　本節では、オブジェクト指向とは何か、そこで使われるクラスとオブジェクトについて説明しました。初めて聞く言葉が山ほど出てきて、「よくわからない」「ややこしい」と思ったかもしれません。オブジェクト指向プログラミングについては、実は入門書などで基本を説明するだけでも数十ページを使うことが多いものです。ここではオブジェクト指向言語であるProcessingでクラスやオブジェクトを利用するために必要な説明だけにとどめたので、まだしっくりこないという人も多いでしょう。この段階では、クラスとオブジェクトのイメージだけつかんでもらえればOKです。

　クラスを定義し、オブジェクトを生成して利用するプログラムを書いているうちに、次第にわかるようになります。「習うより慣れろ！」です。続いて、実際にクラスとオブジェクトを活用していきましょう。

これからクラスとオブジェクトを活用していくんだね。どんなことができるんだろう。ワクワクするぞ！

6-2

配列と一緒にクラスとオブジェクトを使ってみよう

クラスとオブジェクトは、配列と一緒に使うことが多いです。その際には、繰り返し処理も使います。ここでは、クラスを定義するところから、クラスを配列と繰り返し処理と一緒に使うところまで、順に学んでいきましょう。

風船が上昇するプログラムを作ろう

まずは1つの風船が上昇(じょうしょう)するプログラムを書いてみましょう。

最初に風船を表すFusenクラスを定義し、x座標、y座標、風船のサイズと色の値を保存するフィールドをもたせます。

リスト6-2-1

```
class Fusen{                    ← Fusenクラスを定義
  public float x;               ← x座標
  public float y;               ← y座標
  public float size;            ← サイズ
  public color col;             ← 色
}
Fusen fusen;                    ← Fusenクラスのオブジェクトを保存する変数を宣言
void setup(){
  size(600, 400);
  fusen = new Fusen();          ← Fusenクラスのオブジェクトを生成して変数に保存
  fusen.x = width / 2;
  fusen.y = height;             ← Fusenクラスのオブジェクトにx座標、y座標、サイズ、色を設定
  fusen.size = random(10, 30);
  fusen.col = color(random(256), random(256), random(256));
}
void draw(){
  background(0);
  fusen.y -= 3;                 ← Fusenクラスのオブジェクトのy座標から3を引く
  fill(fusen.col);
```

```
  ellipse(fusen.x, fusen.y, fusen.size, fusen.size);
}
```
風船を描く

図 6-2-1

風船が1つ上昇する！

● Fusen クラスを定義する

プログラムを順に見ていきましょう。Fusen クラスには、x 座標、y 座標、サイズ、色を保存するフィールドをもたせます。

```
class Fusen{
  public float x;
  public float y;
  public float size;
  public color col;
}
```

● Fusen クラス型の変数を宣言する

定義したクラスを型として、そのクラスのオブジェクトを保存する変数を宣言できます。次の変数は、Fusen クラス型です。

```
Fusen fusen;
```

● Fusen クラスのオブジェクトを生成して変数に代入する

setup 関数の中でこの変数に、Fusen クラスのオブジェクトを生成して代入します。

```
fusen = new Fusen();
```

クラスからオブジェクトを生成するときには、new を使います。

注意

new に続き、Fusen()のようにクラス名と()を指定します。これは実際には、クラス内に自動的に定義されるコンストラクタというメソッドを呼び出しています。

● **Fusen クラス型の変数を使ってフィールドを利用する**

　Fusenクラスのオブジェクトを生成すると、クラスで定義されたx座標、y座標、サイズ、色といったフィールドに値を入れられるようになります。<u>変数名.フィールド名</u>と記述して、各フィールドに値を代入します。

```
fusen.x = width / 2;
fusen.y = height;
fusen.size = random(10, 30);
fusen.col =
    color(random(256), random(256), random(256));
```

　draw関数では、これらのフィールドの値を指定してellipse関数で円を描いています。

```
fusen.y -= 3;
fill(fusen.col);
ellipse(fusen.x, fusen.y, fusen.size, fusen.size);
```

　<u>これがクラスとオブジェクトの基本的な利用方法</u>です。

　リスト6-2-1を見ると、「変数でも同じことができるのに、なんだかややこしくなっただけ」と思うかもしれません。しかし、配列と一緒に使う方法を学べば、クラスの便利さがよくわかるはずです。

配列と一緒に使って風船をたくさん表示するプログラムを作ろう

　風船が1つだけでは寂しいですよね！

　風船をたくさん表示してみましょう。「たくさん」という言葉にピンときた人がいるかもしれませんが、たくさんの値を扱うときはもちろん配列が使えます。

リスト6-2-2

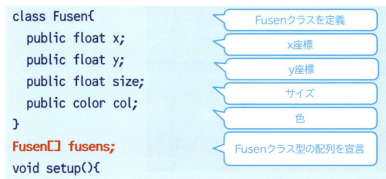

```
class Fusen{                    ← Fusenクラスを定義
    public float x;             ← x座標
    public float y;             ← y座標
    public float size;          ← サイズ
    public color col;           ← 色
}
Fusen[] fusens;                 ← Fusenクラス型の配列を宣言
void setup(){
```

```
    size(600, 400);
    fusens = new Fusen[50];              // Fusenクラス型の配列を生成して変数に保存
    for(int i = 0; i < 50; i++){
        Fusen fusen = new Fusen();        // Fusenクラス型の変数に、オブジェクトを生成して代入
        fusen.x = random(width);
        fusen.y = random(height);         // Fusenクラスのオブジェクトにx座標、y座標、サイズ、色を設定
        fusen.size = random(10, 30);
        fusen.col = color(random(256), random(256), random(256));
        fusens[i] = fusen;                // Fusenクラス型の配列の要素に、値を設定したオブジェクトを代入
    }
}
void draw(){
    background(0);
    for(int i = 0; i < 50; i++){
        Fusen fusen = fusens[i];          // Fusenクラス型の変数を宣言し、配列の要素を代入
        fusen.y -= 3;                     // Fusenクラスのオブジェクトのy座標から3を引く
        fill(fusen.col);
        ellipse(fusen.x, fusen.y, fusen.size, fusen.size);  // 風船を描く
    }
}
```

　実行すると、サイズや色がバラバラな風船がたくさん飛んでいくようになります。

図6-2-2

Fusenクラスの定義、つまり風船の設計図は1つだけですが、設計図をもとに生成したオブジェクトは、それぞれ違う値をもたせることができます。クラスを作っておくと便利に活用できることがわかりましたか。

では、順番にプログラムを解説していきましょう。

● Fusenクラス型の配列を宣言する

最初に、次のようにFusenクラス型の配列を宣言します。

`Fusen[] fusens;`

風船が1つだけのときは「`Fusen fusen;`」でしたが、たくさんの風船を作りたいので配列を使います。配列の場合は、型＋`[]`を指定することを思い出してください。クラスの場合も同じです。

また、配列の中に多くの風船を入れるため、変数名を「fusens」と複数形にしています。「名前なんてどうでもいいじゃない?」と思うかもしれませんが、**あとからプログラムを読み返したときに変数なのか配列なのかがひと目でわかるようにしておくと便利**です。筆者は、配列は複数形や〇〇Listという名前にして、配列であることがわかるようにしています。

> **参照**
> 配列の宣言方法については、145ページを見てください。

> **意味は**
> 英語では、たとえば、apple（りんご）が2つ以上ある場合は、applesのようにsを付けて表します。これを複数形といいます。

● 50個の要素をもつ配列を生成する

setup関数の中で、Fusenクラス型のオブジェクトを50個保存できるように配列を生成します。

`fusens = new Fusen[50];`

● 繰り返し処理で配列にオブジェクトを代入する

Fusenクラス型の配列の各要素には、Fusenクラスのオブジェクトを代入する必要があります。これには、繰り返し処理を利用します。

繰り返し処理では、Fusenクラスのオブジェクトを生成し、Fusenクラス型の変数に代入します。変数を利用してオブジェクトのフィールドに値を設定し、最後にこの変数を配列の要素に代入します。

繰り返し処理の回数をカウントする変数iを、配列の添字（そえじ）として利用します。

```
for(int i = 0; i < 50; i++){
  Fusen fusen = new Fusen();
  fusen.x = random(width);
  fusen.y = random(height);
  fusen.size = random(10, 30);
```

```
  fusen.col =
    color(random(256), random(256), random(256));
  fusens[i] = fusen;
}
```

●繰り返し処理で配列内のオブジェクトを利用する

　draw関数の中では、繰り返し処理を使い、配列内のオブジェクトの情報を利用して円を描きます。

```
for(int i = 0; i < 50; i++){
  Fusen fusen = fusens[i];
  fusen.y -= 3;
  fill(fusen.col);
  ellipse(fusen.x, fusen.y, fusen.size, fusen.size);
}
```

　オブジェクトを生成するときと同じように、変数iを配列の添字として使います。

まとめ

　本節では、プログラムを作りながら、クラスとオブジェクトを配列と一緒に利用する方法を学びました。クラスとオブジェクトについてまだすっきり理解できていない人がいるかもしれません。しかし、配列と一緒に利用する典型的な方法を繰り返しプログラミングすることで、理解が深まっていきます。このあともこのパターンを繰り返し使うので、少しずつ自分のものにしていきましょう。

　続いて、クラスとオブジェクトを使ってシューティングゲームを作ります。

配列と一緒にオブジェクトを使うことで、たくさんの情報を効率的に扱えるようになるのね！

6-3

クラスとオブジェクトを使って
シューティングゲームを作ろう

ここではクラスとオブジェクトを使ってシューティングゲームを作りましょう。

シューティングゲームを作ろう

クラスとオブジェクトについて学んだ仕上げとしてここからはシューティングゲームを作っていきましょう。

プレイヤーの機体が弾丸を発射し、敵の機体を倒すゲームです。

図6-3-1

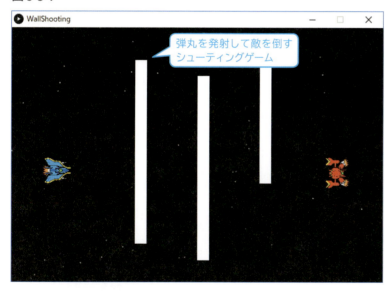

> **参照**
> ここで解説するプログラムは技術評論社のWebサイトからダウンロードできます。詳しくは12ページを見てください。解説で掲載しているプログラムは一部を省略していますが、省略されていないサンプルを参照できますのでご覧になりたい方はダウンロードして参考にしてみてください。

①setup関数とdraw関数を書こう

まずは基本のsetup関数とdraw関数を作ります。

アプリケーションやゲームを作ろうと思ったら、setupとdrawが必要です。自然と書けるようになりましょう！

リスト6-3-1
```
void setup(){
   size(600, 400);          画面のサイズを決定
}
void draw(){
   background(0);           画面の背景を黒にする
}
```

②自機となるプレイヤーを仮表示しよう

まずは、プレイヤーの自機に見立てて四角形を作ってみましょう。

最初から多くのコードを書くと、動かなかったときに何が原因かわからなくなることが多いです。いきなり完成形を目指すのではなく、仮の状態でもいいから少しずつ作っていくことがオススメです。

まず、x座標が50、y座標が200の位置に縦と横が50の四角形を配置します。

リスト6-3-2
```
void setup(){
   size(600, 400);          画面のサイズを決定
}
void draw(){
   background(0);           画面の背景を黒にする
   rect(50, 200, 50, 50);   自機を表す四角形を描く
}
```

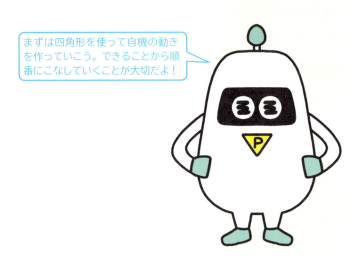

まずは四角形を使って自機の動きを作っていこう。できることから順番にこなしていくことが大切だよ！

図6-3-2

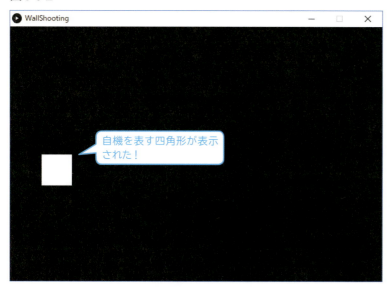

自機を表す四角形が表示された！

③プレイヤーを動かそう

プレイヤーの仮表示（今はまだただの四角形）ができたら、今度はプレイヤーを動かしてみましょう。

↑キーと↓キーが押されたら移動するようにします。キーが押されたことを検知(けんち)するにはkeyPressed(キープレスト)関数を使うんでしたね。

> 参照
> keyPressed関数については、100ページを見てください。

リスト6-3-3

```
float x = 50;          ← x座標、y座標、スピードを保存
float y = 200;           する変数を宣言
float speed = 5;
void setup(){
  size(600, 400);      ← 画面のサイズを決定
}
void draw(){
  background(0);       ← 画面の背景を黒にする
  rect(x, y, 50, 50);  ← 自機を表す四角形を描く
}
void keyPressed(){
  if(keyCode == UP){   ← ↑キーの場合、y座標を減らして
    y -= speed;           上に移動
  }
  if(keyCode == DOWN){ ← ↓キーの場合、y座標を足して下
                          に移動
```

```
    y += speed;
  }
}
```

まず、x座標、y座標、移動スピードを保存する変数を宣言します。

次に↑キーと↓キーが押されたことを検知するkeyPressed関数の中で、押されたkeyCodeをif文で判定してy座標を変更します。

> 参照
> keyCodeについては、100ページを見てください。

図6-3-3

実行してみると、↑キーと↓キーを押してもカクカクと動き、スムーズではありませんね。このあたりをまずは改善してみましょう。

④プレイヤーの動きをスムーズにしよう

動きをスムーズにする方法として、一度↑キーまたは↓キーが押されたらあとは自動で移動するようにしてみます。

リスト6-3-3では、keyPressed関数内でy座標に変数speedを減算または加算していました。今回は、自動で移動させるために、変数名をvelocityに変えて、draw関数内でy座標との計算を行うようにします。

> 意味は
> velocityは日本語では「(進行方向を含む)速さ」という意味です。

リスト6-3-4

```
float x = 50;
float y = 200;
float velocity = 5;
void setup(){
  size(600, 400);
}
void draw(){
  background(0);
  y += velocity;
  rect(x, y, 50, 50);
}
void keyPressed(){
  if(keyCode == UP){
    velocity = -5;
  }
  if(keyCode == DOWN){
    velocity = 5;
  }
}
```

x座標、y座標、スピードを保存する変数を宣言（変数名をspeedからvelocityに変更）

画面のサイズを決定

画面の背景を黒にする

y座標にvelocityを足す

自機を表す四角形を描く

↑キーの場合、velocityを変更

↓キーの場合、velocityを変更

図6-3-4

四角形が自動で動き、画面から消えてしまう！

　自動で移動し続けてしまうので、画面からも消えてしまいます。このあたりはあとで改善するとして、次は敵を作っていきましょう！

⑤敵機を作ろう

　敵機の表示だけを行ってみましょう。敵の仮表示として、赤い四角形を表示します。

　プレイヤーの自機と同じく、x座標、y座標を管理する変数ex、eyを作ります。まだ敵機は動かさないので、敵用のスピードの変数は宣言していません。

> **意味は**
> 変数ex、eyのeは、enemy（エネミー）（日本語では「敵」の意味）の頭文字です。

リスト6-3-5

```
float x = 50;
float y = 200;
float velocity = 5;
float ex = 500;
float ey = 200;
void setup(){
  size(600, 400);
}
void draw(){
  background(0);
  fill(255, 0, 0);
  rect(ex, ey, 50, 50);
  y += velocity;
  fill(255);
  rect(x, y, 50, 50);
}
void keyPressed(){
  if(keyCode == UP){
    velocity = -5;
  }
  if(keyCode == DOWN){
    velocity = 5;
  }
}
```

- 自機のx座標、y座標、スピードを保存する変数を宣言
- 敵機のx座標、y座標を保存する変数を宣言
- 画面のサイズを決定
- 画面の背景を黒にする
- 敵機を表す四角形を描く
- y座標にvelocityを足す
- 自機を表す四角形を描く
- ↑キーの場合、velocityを変更
- ↓キーの場合、velocityを変更

図6-3-5

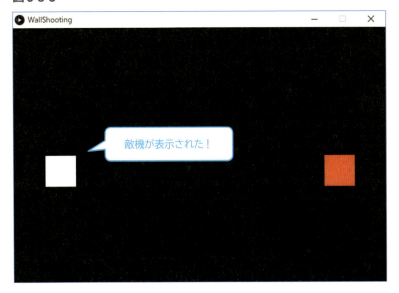

敵機が表示された！

⑥自機と敵機に共通するクラスを作ろう

さて、自機用の変数、敵機用の変数を宣言し、変数の数が増えてきましたね。それに、自機も敵機も似たような変数を使います。このように**似た要素をもつ場合は、クラスにするチャンス**です！

ここでは **Ship クラス**を作ってみます。フィールドは、「x座標」「y座標」「スピード（ベロシティ）」です。

意味は
shipは日本語では「船」という意味です。

リスト6-3-6

```
class Ship{
    public float x;
    public float y;
    public float velocity;
}
```

Shipクラスを使って、自機と敵機を表示してみましょう。

リスト6-3-7

```
// float x = 50;
// float y = 200;
// float velocity = 5;
// float ex = 500;
// float ey = 200;
```

変数が不要になるので、コメントにする

203

```
class Ship{
  public float x;
  public float y;
  public float velocity;
}
Ship player;
Ship enemy;
void setup(){
  size(600, 400);
  player = new Ship();
  player.x = 50;
  player.y = 200;
  enemy = new Ship();
  enemy.x = 500;
  enemy.y = 200;
}
void draw(){
  background(0);
  player.y += player.velocity;
  fill(255);
  rect(player.x, player.y, 50, 50);
  fill(255, 0, 0);
  rect(enemy.x, enemy.y, 50, 50);
}
void keyPressed(){
  if(keyCode == UP){
    player.velocity = -5;
  }
  if(keyCode == DOWN){
    player.velocity = 5;
  }
}
```

- Shipクラスを定義
- Shipクラスのオブジェクトを保存する変数playerとenemyを宣言
- Shipクラスのオブジェクトを生成してplayerに代入
- Shipクラスのオブジェクトを生成してenemyに代入
- y座標にvelocityを足す
- 自機を表す四角形を描く
- 敵機を表す四角形を描く

　Shipクラスを使うことで、自機や敵機がもつ値の管理がしやすくなったと思いませんか。

　機体の設計図に要素を追加する、つまりShipクラスにフィールドを追加するだけで、自機にも敵機にも同時にフィールドを追加できます。

⑦自機を戦闘機の画像にしよう

　自機の仮表示の四角形を、カッコいい戦闘機の画像に変えていきましょう。画像ファイルの名前は**player01.png**です。Processingエディタにドラッグ＆ドロップしてください。

図6-3-6

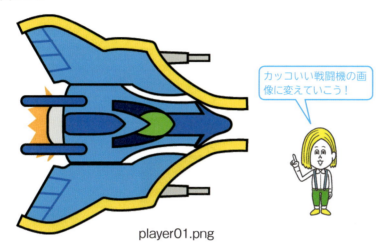

player01.png

> **参照**
> ここで使用する画像は、技術評論社のWebサイトからダウンロードできます。ダウンロードの方法については、12ページを見てください。

　画像を読み込んで表示する方法を覚えていますか？ **loadImage**関数で画像を読み込み、**image**関数で読み込んだ画像を指定して表示します（次のリストでは**keyPressed**関数を省略しています）。

リスト6-3-8

```
class Ship{                    ← Shipクラスを定義
  public float x;
  public float y;
  public float velocity;
}
Ship player;                   ← Shipクラスのオブジェクトを保存
Ship enemy;                      する変数playerとenemyを宣言
PImage playerImage;            ← 読み込んだ画像を保存する
                                 PImage型の変数を宣言
void setup(){
  size(600, 400);
  player = new Ship();         ← Shipクラスのオブジェクトを生
                                 成してplayerに代入
  player.x = 50;
  player.y = 200;
  enemy = new Ship();          ← Shipクラスのオブジェクトを生
                                 成してenemyに代入
```

```
    enemy.x = 500;
    enemy.y = 200;
    playerImage = loadImage("player01.png");  ← 画像を読み込んで変数に代入
}
void draw(){
    background(0);
    player.y += player.velocity;              ← y座標にvelocityを足す
    image(playerImage, player.x, player.y, 50, 50);  ← 自機を表す画像を表示
    fill(255, 0, 0);
    rect(enemy.x, enemy.y, 50, 50);           ← 敵機を表す四角形を描く
}
```

図 6-3-7

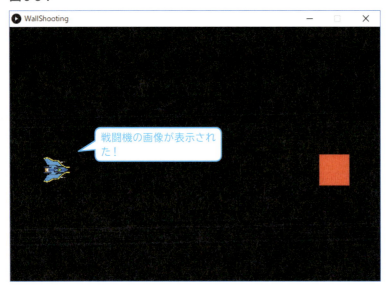

戦闘機の画像が表示された！

⑧自機の戦闘機をアニメーションにしよう

　自機を戦闘機の画像にすることができました。しかし、いまいちカッコよさが足りませんね。

　戦闘機のアニメーションを作ることで、ぐっと戦闘機らしさが出ます。アニメーションにする方法は単純で、パラパラマンガのように、2つの画像を切り替えて表示すればOKです。もう1つの画像ファイルは、**player02.png**という名前です。

参照

ここで使用する画像は、技術評論社のWebサイトからダウンロードできます。ダウンロードの方法については、12ページを見てください。

図6-3-8

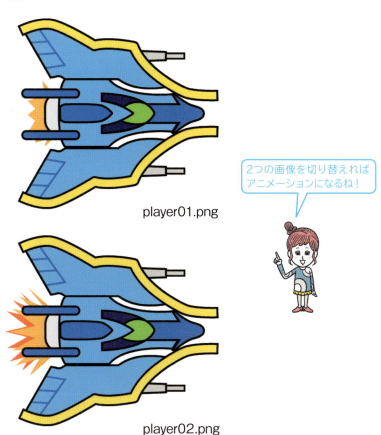

player01.png

2つの画像を切り替えれば
アニメーションになるね！

player02.png

　2つの画像を交互に切り替えるタイミングを制御するために、変数countを宣言し、draw関数が実行された回数を数えます。draw関数が10回実行されたら画像を切り替えるようにプログラミングしていきます（次のリストではkeyPressed関数を省略しています）。

リスト6-3-9

```
class Ship{
  public float x;
  public float y;
  public float velocity;
}
Ship player;
Ship enemy;
PImage playerImage;
PImage playerImage02;
int count = 0;
```

Shipクラスを定義

Shipクラスのオブジェクトを保存する変数playerとenemyを宣言

読み込んだ画像を保存するPImage型の変数を2つ宣言

draw関数の実行回数をカウントする変数を宣言

```
void setup(){
  size(600, 400);
  player = new Ship();          // Shipクラスのオブジェクトを生成してplayerに代入
  player.x = 50;
  player.y = 200;
  enemy = new Ship();           // Shipクラスのオブジェクトを生成してenemyに代入
  enemy.x = 500;
  enemy.y = 200;
  playerImage = loadImage("player01.png");    // 画像を読み込んで変数に代入
  playerImage02 = loadImage("player02.png");
}
void draw(){
  background(0);
  count += 1;                                 // drawの実行回数に1を足す
  player.y += player.velocity;                // y座標にvelocityを足す
  if(count / 10 % 2 == 0){                    // countを10で割った数が偶数か奇数か
    image(playerImage, player.x, player.y, 50, 50);     // 偶数の場合は1番目の画像
  } else{
    image(playerImage02, player.x, player.y, 50, 50);   // 奇数の場合は2番目の画像
  }
  fill(255, 0, 0);
  rect(enemy.x, enemy.y, 50, 50);             // 敵機を表す四角形を描く
}
// 省略(リスト6-3-7のkeyPressed関数が入る)
```

図6-3-9

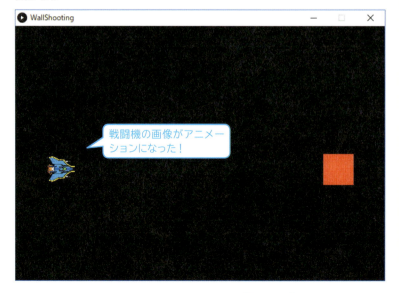

戦闘機の画像がアニメーションになった！

リスト6-3-9では、if(count / 10 % 2 == 0)のように条件分岐を行っています。

draw関数が10回実行されたら別の画像に切り替えるようにしたいので、draw関数の実行回数をカウントするための変数countを用意しました。このif文では変数countを10で割り、その商を2で割った余りを求め、それが0かどうかを判定しています。

変数countを10で割った商は、countが0～9のときは0、10～19のときは1、20～29のときは2、……のようになります。その商を2で割った余りは0または1です。余りが0（偶数）のときは1番目の画像、1（奇数）のときは2番目の画像を表示するようにしています。

⑨敵機の戦闘機をアニメーションにしよう

同じように敵機も戦闘機の画像に変え、アニメーションにします。敵機の画像ファイルは、**enemy01.png**と**enemy02.png**です（次のリストではkeyPressed関数を省略しています）。

> **参照**
> ここで使用する画像は、技術評論社のWebサイトからダウンロードできます。ダウンロードの方法については、12ページを見てください。

図6-3-10

enemy01.png

enemy02.png

敵の戦闘機もアニメーションにしてみよう！

リスト6-3-10

```
class Ship{
  public float x;
  public float y;
  public float velocity;
}
Ship player;
Ship enemy;
PImage playerImage;
PImage playerImage02;
PImage enemyImage;
PImage enemyImage02;
int count = 0;
void setup(){
  size(600, 400);
  player = new Ship();
  player.x = 50;
  player.y = 200;
  enemy = new Ship();
  enemy.x = 500;
  enemy.y = 200;
  playerImage = loadImage("player01.png");
  playerImage02 = loadImage("player02.png");
  enemyImage = loadImage("enemy01.png");
  enemyImage02 = loadImage("enemy02.png");
}
void draw(){
  background(0);
  count += 1;
  player.y += player.velocity;
  if(count / 10 % 2 == 0){
    image(playerImage, player.x, player.y, 50, 50);
  } else{
    image(playerImage02, player.x, player.y, 50, 50);
  }
  if(count / 10 % 2 == 0){
    image(enemyImage, enemy.x, enemy.y, 50, 50);
  } else{
```

- Shipクラスを定義
- Shipクラスのオブジェクトを保存する変数playerとenemyを宣言
- 読み込んだ自機の画像を保存するPImage型の変数を2つ宣言
- 読み込んだ敵機の画像を保存するPImage型の変数を2つ宣言
- draw関数の実行回数をカウントする変数を宣言
- Shipクラスのオブジェクトを生成してplayerに代入
- Shipクラスのオブジェクトを生成してenemyに代入
- 自機の画像を読み込んで変数に代入
- 敵機の画像を読み込んで変数に代入
- drawの実行回数に1を足す
- y座標にvelocityを足す
- countを10で割った数が偶数か奇数か
- 偶数の場合は1番目の画像
- 奇数の場合は2番目の画像
- 偶数の場合は1番目の画像

```
        image(enemyImage02, enemy.x, enemy.y, 50, 50);
    }
}
```
奇数の場合は2番目の画像

図6-3-11

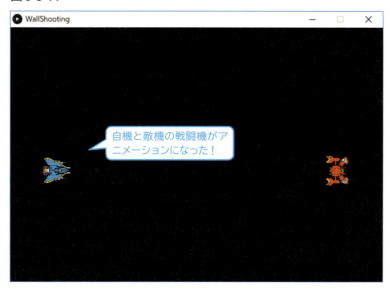
自機と敵機の戦闘機がアニメーションになった！

⑩配列でアニメーションを管理しよう

　自機に続き、敵機もアニメーションにすることができました。しかし、PImage型の変数が増えたこと、ifの条件分岐が増えたことが気になります。配列を使って効率的にプログラミングをしてみましょう（次のリストではkeyPressed関数を省略しています）。

リスト6-3-11

```
class Ship{
    public float x;
    public float y;
    public float velocity;
}
Ship player;
Ship enemy;
PImage[] playerImages;
PImage[] enemyImages;
int count = 0;
void setup(){
```
Shipクラスを定義

Shipクラスのオブジェクトを保存する変数playerとenemyを宣言

画像を保存するPImage型の配列を2つ宣言

draw関数の実行回数をカウントする変数を宣言

```
    size(600, 400);
    player = new Ship();              ← Shipクラスのオブジェクトを生
    player.x = 50;                      成してplayerに代入
    player.y = 200;
    enemy = new Ship();               ← Shipクラスのオブジェクトを生
    enemy.x = 500;                      成してenemyに代入
    enemy.y = 200;
    playerImages = new PImage[]{      ← 配列を生成して要素に自機の画
      loadImage("player01.png"), loadImage("player02.png")  像を読み込む
    };
    enemyImages = new PImage[]{       ← 配列を生成して要素に敵機の画
      loadImage("enemy01.png"), loadImage("enemy02.png")    像を読み込む
    };
}
void draw(){
    background(0);
    count += 1;                       ← drawの実行回数に1を足す
    player.y += player.velocity;      ← y座標にvelocityを足す
    image(playerImages[count / 10 % 2], player.x, player.y, 50, 50);
    image(enemyImages[count / 10 % 2], enemy.x, enemy.y, 50, 50);
}                                     ← 配列に保存した画像を表示
```

　どうでしょうか。変数が減り、ifの条件分岐もなくなり、すっきりとしたプログラムになりました。

　リスト6-3-11では、自機と敵機の画像を保存するためにPImage型の配列を宣言しています。これまで配列を利用するときは、newを使って指定した要素をもつ配列を生成してから、for文で配列の各要素に値を代入していました。ここでは、次のように書くことで、配列の生成と各要素への代入を同時に行っています。

```
playerImages = new PImage[]{
  loadImage("player01.png"), loadImage("player02.png")
};
```

　new PImage[]に続く{と}の間に、配列の要素に代入する値を指定します。[]に要素の数を指定しなくても、値の数だけ要素が確保されます。

　また、これらの配列の要素は2つです。配列の要素にアクセスするための添字は0または1になります。**リスト6-3-10**でif文に指定していたcount / 10 % 2という式は、0または1を返します。そのた

め、playerImages[count / 10 % 2]のように、配列の添字として使っています。

> **ポイント**
> 次のように配列の宣言時に値を指定すると、配列aには値の数だけ要素が確保され、各要素に値が代入されます。
> ```
> int[] a =
>     {1, 2, 3, 4, 5};
> ```

⑪戦闘機が弾丸を発射できるようにしよう

シューティングゲームなので、戦闘機が弾丸を発射できるようにします。

●Bulletクラスを作る

まずは弾丸の設計図、Bullet(ブレット)クラスを作りましょう。弾丸にはどのような情報がありそうか考えてみます。弾丸を表示するx座標、y座標はもちろん必要ですね。あとは弾丸が進む方向でしょうか。方向は、ここでもvelocityを使います。

> **意味は**
> bulletは、日本語では「弾丸」という意味です。

リスト6-3-12
```
class Bullet{
  public float x;
  public float y;
  public float velocity;
}
```

●スペースキーを押したら弾丸が発射されるようにする

では、スペースキーが押されたらプレイヤーの位置から弾丸が発射されるようにしてみます。今のところは発射される弾丸は1つだけにします。

リスト6-3-13
```
class Ship{                    ← Shipクラスを定義
  public float x;
  public float y;
  public float velocity;
}
class Bullet{                  ← Bulletクラスを定義
  public float x;
  public float y;
  public float velocity;
}
Ship player;
```

```
Ship enemy;                                      ◁ Shipクラスのオブジェクトを保存
Bullet bullet;                                     する変数playerとenemyを宣言
PImage[] playerImages;                           ◁ Bulletクラスのオブジェクトを
PImage[] enemyImages;                              保存する変数bulletを宣言
int count = 0;                                   ◁ 画像を保存するPImage型の配
void setup(){                                      列を2つ宣言
  // 省略（リスト6-3-11のsetup関数の内容が入る）   ◁ draw関数の実行回数をカウン
}                                                  トする変数を宣言
void draw(){
  background(0);
  count += 1;                                    ◁ drawの実行回数に1を足す
  player.y += player.velocity;                   ◁ y座標にvelocityを足す
  image(playerImages[count / 10 % 2], player.x, player.y, 50, 50);
  image(enemyImages[count / 10 % 2], enemy.x, enemy.y, 50, 50);
  if(bullet != null){                            ◁ 配列に保存した画像を表示
    bullet.x += bullet.velocity;
    fill(255);
    ellipse(bullet.x, bullet.y, 10, 10);         ◁ 弾丸が存在するときに弾丸を描く
  }
}
void keyPressed(){
  if(keyCode == UP){
    player.velocity = -5;
  }
  if(keyCode == DOWN){
    player.velocity = 5;
  }
  if(key == ' '){                                ◁ スペースキーが押されたら
    bullet = new Bullet();                         Bulletクラスのオブジェクトを
    bullet.x = player.x;                           生成して値を設定
    bullet.y = player.y;
    bullet.velocity = 5;
  }
}
```

　スペースキーが押されたかどうかを判定するには、keyPressed関数の中でシステム変数 key の値を調べます。keyは、直前に押されたキーの値（たとえば、Aキーが押されたら'A'）を示します。keyの値

が空白（' '）であれば、スペースキーが押されたことを意味します。スペースキーが押された場合、Bulletクラスのオブジェクトを生成し、弾丸を表示するための値を設定します。

```
if(key == ' '){
  bullet = new Bullet();
  bullet.x = player.x;
  bullet.y = player.y;
  bullet.velocity = 5;
}
```

弾丸の表示は、draw関数の中で行います。

```
if(bullet != null){
  bullet.x += bullet.velocity;
  fill(255);
  ellipse(bullet.x, bullet.y, 10, 10);
}
```

ここでは、変数bulletがnull以外のときにのみ、弾丸を表示しています。

クラス型の変数は、宣言しただけではオブジェクトは代入されていません。オブジェクトを代入して初めて、そのオブジェクトに値を設定できます。宣言しただけの場合は、nullの状態であるため、nullではない場合に値を設定し、表示しています。

注意
システム変数keyはキーの値を保存します。キーコードを保存するkeyCode（100ページを見てください）との違いに注意しましょう。

意味は
nullは日本語では「何もない」「無効の」といった意味です。

図6-3-12

● 弾丸の位置を調整する

　スペースキーを押すと弾丸が発射されるようになりました。しかし、弾丸の位置が少しおかしいですね。

　弾丸が戦闘機の前、上下中央の位置から発射されるように修正します。次のように、スペースキーが押されたときに、x座標に戦闘機のサイズ、y座標に戦闘機のサイズの半分を足します。

```
if(key == ' '){
  bullet = new Bullet();
  bullet.x = player.x + 50;
  bullet.y = player.y + 25;
  bullet.velocity = 5;
}
```

図6-3-13

弾丸の発射位置を調整した！

● shot関数を定義する

　if文の中の処理が複雑になってきましたね。あとで読みやすくするために、弾丸を発射する関数を作りましょう！ 関数名はshot（ショット）にします。

意味は
shotは日本語では「発射」という意味です。

リスト6-3-14

```
void shot(){
  bullet = new Bullet();
  bullet.x = player.x + 50;
  bullet.y = player.y + 25;
```

shot関数を定義

```
    bullet.velocity = 5;
}
void keyPressed(){
    // 省略(リスト6-3-13のKeyPressed関数の内容が入る)
    if(key == ' '){
        shot();           ← shot関数を呼び出す
    }
}
```

shot関数を作りました。これでshot();と関数を呼び出せば弾丸を発射できるようになります。

関数名もshotとわかりやすくしたため、if文の中で何をしているのか、プログラムが見やすくなりました。

⑫戦闘機がたくさんの弾丸を発射できるようにしよう

1個の弾丸を発射できるようになりました。せっかくなら多くの弾丸を連射できたほうがゲームとして楽しいですよね。

多数の弾丸を発射するにはどうしたらよいでしょうか。そう、配列を使います！

ただし、今回はちょっと違う配列です。**ArrayList**（アレイリスト）と呼ばれる配列を使います。

配列を使う場合は、最初に要素数を指定して配列を生成する必要があります。たとえば、100個の弾丸を上限とする場合は、次のように書きます。

```
Bullet[] bullet = new Bullet[100];
```

これ以外に、あらかじめ要素の数を決めなくてもよい配列であるArrayListを使う方法を紹介します。

意味は
arrayは、日本語では「配列」という意味です。

リスト6-3-15
```
class Ship{                ← Shipクラスを定義
    public float x;
    public float y;
    public float velocity;
}
class Bullet{              ← Bulletクラスを定義
    public float x;
```

```
    public float y;
    public float velocity;
}
Ship player;
Ship enemy;
ArrayList<Bullet> bullets = new ArrayList();
PImage[] playerImages;
PImage[] enemyImages;
int count = 0;
void setup(){
    // 省略(リスト6-3-11のsetup関数の内容が入る)
}
void draw(){
    background(0);
    count += 1;
    player.y += player.velocity;
    image(playerImages[count / 10 % 2], player.x, player.y, 50, 50);
    image(enemyImages[count / 10 % 2], enemy.x, enemy.y, 50, 50);
    int bulletCount = bullets.size();
    for(int i = 0; i < bulletCount; i++){
        Bullet bullet = bullets.get(i);
        bullet.x += bullet.velocity;
        ellipse(bullet.x, bullet.y, 10, 10);
    }
}
void shot(){
    Bullet bullet = new Bullet();
    bullet.x = player.x + 50;
    bullet.y = player.y + 25;
    bullet.velocity = 5;
    bullets.add(bullet);
}
void keyPressed(){
    // 省略(リスト6-3-14のkeyPressed関数の内容が入る)
}
```

- `ArrayList<Bullet> bullets = new ArrayList();` → ArrayListクラスのオブジェクトを保存する変数bulletsを宣言
- `image(...)` → 配列に保存した画像を表示
- `int bulletCount = bullets.size();` → bullets内のオブジェクト数を変数bulletCountに代入
- `Bullet bullet = bullets.get(i);` → 繰り返し処理内で、bullets内のオブジェクトを取り出して弾丸を表示
- `void shot(){` → shot関数を定義
- `bullets.add(bullet);` → bulletsにオブジェクトを追加

● ArrayListの配列を生成する

　ArrayListは、Processingであらかじめ定義されているクラスで、特定のクラスのオブジェクトを保存できる配列を表します。ただし、通常の配列とは異なり、最初に要素数を指定しなくても、あとから簡単に要素を追加することができます。

　ArrayListを使う場合は、<>内に配列に入れる要素の型を指定します。

```
ArrayList<Bullet> bullets = new ArrayList();
```

　これは、要素としてBulletクラスのオブジェクトをもつ配列bulletsを宣言し、new ArrayList()で配列のオブジェクトを生成して代入しています。

　ArrayListクラスでは、便利なメソッドが定義されています。

> **注意**
> オブジェクトを生成するとき、通常の配列は[ ]内に要素数を指定しますが、ArrayListはnew ArrayList()とすることに注意してください。

> **注意**
> クラスには、フィールドだけでなく関数を定義することができます。クラスの中で定義した関数をメソッドといいます。

● 配列に要素を追加する

　add（アッド）メソッドは、指定されたオブジェクトを配列に追加します。shot関数では、Bulletクラスのオブジェクトを生成し、値を設定してから配列bulletsに追加しています。

```
void shot(){
  Bullet bullet = new Bullet();
  bullet.x = player.x + 50;
  bullet.y = player.y + 25;
  bullet.velocity = 5;
  bullets.add(bullet);
}
```

> **意味は**
> addは、日本語では「加える」「足す」という意味です。

● 配列の要素数を取得する

　size（サイズ）メソッドは、配列内の要素の数を返します。draw関数の中では、sizeメソッドでbullets内のオブジェクトの数を取得し、変数bulletCountに代入しています。

```
int bulletCount = bullets.size();
```

● 配列の要素を取得する

　get（ゲット）メソッドは、配列内の指定された要素を返します。draw関数の中では、for文の中でgetメソッドによりbullets内のオブジェクトを取得しています。getメソッドに指定しているiはfor文の実行回数をカウントする変数で、配列の添字と同じ役割をもちます。

```
for(int i = 0; i < bulletCount; i++){
  Bullet bullet = bullets.get(i);
```

> **意味は**
> getは、日本語では「得る」「取得する」という意味です。

第6章　クラスとオブジェクトを活用しよう

```
    bullet.x += bullet.velocity;
    ellipse(bullet.x, bullet.y, 10, 10);
  }
}
```

●多数の弾丸を発射する

少し難しいですね。改めて、**リスト6-3-15**でどのようにArrayListを使っているか簡単にまとめます。

- Bulletクラスのオブジェクトを要素として保存できるArrayListの配列を生成する（このときの要素数は0）。
- keyPressed関数では、スペースキーが押されたら、addメソッドで配列にBulletクラスのオブジェクトを追加する。
- draw関数では、sizeメソッドで配列内の要素数を取得する。for文内ではgetメソッドで配列からオブジェクトを取り出し、その値を使って弾丸を表示する。

実行してみましょう。スペースキーを押すたびに弾丸の数が増えていきます。

図6-3-14

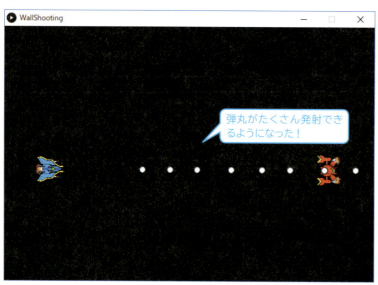

⓭当たり判定を作ろう

弾丸をたくさん発射できようになりました。次は敵を攻撃したくなりますね！

まずは弾丸が敵に当たっているかを判定する処理を作ります。

複雑な当たり判定は難しいので、ここでは単純に弾丸も敵も四角形であると仮定して判定します。

> **参照**
> 当たり判定については、111ページを見てください。

●**四角形同士の当たり判定**

四角形同士の当たり判定の考え方を説明していきます。

図6-3-15のように赤四角形①と青い四角形②があるとします。

A. 2つの四角形の距離を求める

四角形の中央のx座標から距離を割り出します。「赤い四角形①の中央のx座標－青い四角形②の中央のx座標」となりますが、マイナスの値になってしまう場合があるので、**絶対値**を求めます。絶対値とは、「5」の場合には「5」、「－3」の場合には「3」といった具合に、マイナスを取り除いた数値と考えればよいでしょう。

B. 四角形の横幅の半分を足す

「赤い四角形①の横幅÷2＋青い四角形②の横幅÷2」を求めます。

C. AとBを比べる

「A＜B」の場合は衝突、「A≧B」の場合は衝突していません。

D. A～Cを縦幅についても行う

横幅だけでなく、縦幅についてのチェックも必要になります。

図6-3-15

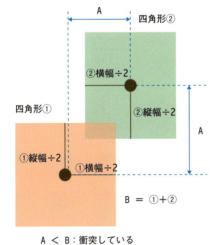

A ＜ B：衝突している
A ≧ B：衝突していない

> 中心の座標間の距離と、四角形の幅の半分を足した値を比べるんだね！

●**当たり判定を行う関数を作る**

こういった当たり判定はとてもよく使うので、関数を作っておいて、いつでも呼び出せるようにするとよいですね！

boolean型の戻り値、つまりtrueまたはfalseを返すisHit関

数を作ります。引数として、「四角形①の中心のx座標」「四角形①の中心のy座標」「四角形①の横幅」「四角形①の縦幅」「四角形②の中心のx座標」「四角形②の中心のy座標」「四角形②の横幅」「四角形②の縦幅」を渡します。

リスト6-3-16

```
boolean isHit(float px, float py, float pw, float ph,
              float ex, float ey, float ew, float eh){
  float centerPx = px + pw / 2;
  float centerPy = py + ph / 2;
  float centerEx = ex + ew / 2;
  float centerEy = ey + eh / 2;
  if(abs(centerPx- centerEx) < pw / 2 + ew / 2){     // 中心のx座標間の距離<横幅の半分を足した値か
    if(abs(centerPy - centerEy) < ph / 2 + eh / 2){  // 中心のy座標間の距離<縦幅の半分を足した値か
      return true;                                    // 衝突(true)を返す
    }
  }
  return false;
}
```

abs(アブス)は、引数として指定された値の絶対値を求め、戻り値として返す関数です。

書式
abs(整数または小数);

役割
　引数で指定した値の絶対値を求め、戻り値として返す。

戻り値
　int型またはfloat型

引数
　整数または小数：絶対値を求めたい値

意味は
絶対値は英語で「absolute number」といいます。absはabsoluteの略です。

● 関数の動作を確認する

　では、isHit関数が正常に動作するか確認しましょう。
　Processingエディタで［ファイル］メニューの［新規］を選択して新しいスケッチを立ち上げて、**リスト6-3-17**のプログラムを入力してください。

リスト6-3-17
```
void setup(){
  size(600, 400);
}
void draw(){
  background(0);
  float px = mouseX;
  float py = mouseY;
  float pSize = 50;
  float ex = 400;
  float ey = 200;
  float eSize = 100;
  fill(255);
  rect(ex, ey, eSize, eSize);           // 大きな四角形を描く
  fill(255);
  if(isHit(px, py, pSize, pSize, ex, ey, eSize, eSize)){
    fill(255, 0, 0);                    // ぶつかったら赤くする
  }
  rect(px, py, pSize, pSize);           // 小さな四角形を描く
}
boolean isHit(float px, float py, float pw, float ph,
              float ex, float ey, float ew, float eh){
  float centerPx = px + pw / 2;
  float centerPy = py + ph / 2;
  float centerEx = ex + ew / 2;
  float centerEy = ey + eh / 2;
  if(abs(centerPx- centerEx) < pw / 2 + ew / 2){  // 中心のx座標間の距離＜横幅の半分を足した値か
    if(abs(centerPy - centerEy) < ph / 2 + eh / 2){  // 中心のy座標間の距離＜縦幅の半分を足した値か
      return true;                      // 衝突(true)を返す
    }
  }
  return false;
}
```

簡単な確認プログラムを書いてみました。
　マウスで小さな四角形を操作し、大きな四角形に衝突したら赤色に変化するようにしました。衝突しているのに白のままだったり、衝突していないのに赤になったりしたら衝突の判定を行うisHit関数

ポイント
関数を作ったときは、シンプルなプログラムを作って関数が正常に動作するかを確認することで、思わぬ誤りを防げます。

に誤りがあるということです。

図6-3-16

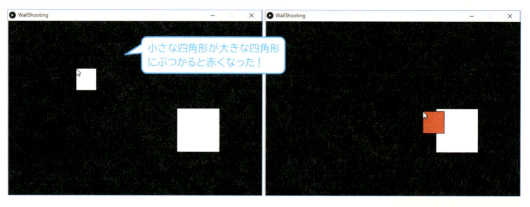

⓮ isHit関数を使って
弾丸が敵に衝突したかを判定しよう

　isHit関数が思ったとおりに動くことを確認できました。isHit関数は間違いなく動作しているので、今後はisHit関数に誤りがあることをチェックせずに済みます。関数にしておくと、以降の動作確認が楽になるので、積極的に関数にしていきましょう。
　では、実際に弾丸が敵に衝突したかどうかを判定しましょう。
　まず、衝突した際には弾丸が赤に変化するようにします。
　リスト6-3-15のプログラムに、**リスト6-3-16**のisHit関数を追加し、draw関数を次のように修正してください。

リスト6-3-18

```
void draw(){
  background(0);
  count += 1;
  player.y += player.velocity;
  image(playerImages[count / 10 % 2], player.x, player.y, 50, 50);
  image(enemyImages[count / 10 % 2], enemy.x, enemy.y, 50, 50);
  int bulletCount = bullets.size();
  for(int i = 0; i < bulletCount; i++){
    Bullet bullet = bullets.get(i);
    bullet.x += bullet.velocity;
    boolean isHit = isHit(enemy.x, enemy.y, 50, 50,
                          bullet.x, bullet.y, 10, 10);
```

弾丸が敵に当たったかを判定

```
    fill(255);
    if(isHit){            当たった場合は弾丸を赤に
      fill(255, 0, 0);
    }
    ellipse(bullet.x, bullet.y, 10, 10);
  }
}
```

リスト6-3-18では、isHit関数の戻り値を変数isHitに代入し、if文でこの変数を使っています。**if(isHit)**のようにif文の条件式にboolean型の変数を指定すると、変数の内容がtrueの場合に条件が成立することになります。

図6-3-17

弾丸が敵に当たると赤色に変わった！

弾丸で敵が破壊されてゲームクリアになる演出はあとで入れていきます。今は、弾丸との衝突判定ができたことを確認したところでとどめておきます。

⑮弾丸を遮る壁を作ろう

敵は現状止まっていてゲームとしておもしろくありません。敵の前に立ちはだかる壁を作って、弾丸を遮るようにしてみましょう。
まずは壁の設計図であるWallクラスを作ってみましょう。壁は複数あり、大きさはバラバラということにします。壁が動くのもおもし

意味は
wallは、日本語では「壁」という意味です。

ろそうなので、velocityも加えて動く余地を残しておきましょう！

リスト6-3-19
```
class Wall{
  public float x;
  public float y;
  public float velocity;
  public float size;
}
```

Wallクラスの定義を追加し、setup関数の最後の部分を次のように修正します。

リスト6-3-20
```
Wall[] walls;              // Wallクラスのオブジェクトを保存する配列を宣言
void setup(){
  // 省略（リスト6-3-11のsetup関数の内容が入る）
  walls = new Wall[3];                        // 要素が3つの配列を生成
  for(int i = 0; i < 3; i++){
    Wall w = new Wall();                      // Wallクラスのオブジェクトを生成
    w.x = i * 100 + 200;
    w.y = 0;                                  // x座標とy座標を設定
    w.velocity = random(5) + 1;               // スピードとサイズにランダムな値を設定
    w.size = random(height-200, height-100);
    walls[i] = w;                             // 配列の要素にオブジェクトを代入
  }
}
```

Wallクラス型の配列wallsを宣言し、setup関数内で3つの要素をもつ配列を生成して代入します。

すべての壁が同じように動いてはおもしろくないので、壁の縦幅やスピードはランダムにして、バラつきをもたせます。

draw関数の中で壁を表示します。表示する前にy座標を操作し、画面からはみ出したら方向を変えて画面内を行ったり来たりするようにします。方向を変えるには、velocityの値を、プラスの場合にはマイナスに、マイナスの場合にはプラスに変更します。そのために、velocityに-1を掛けます。

リスト6-3-21

```
void draw(){
  background(0);
  count += 1;
  player.y += player.velocity;
  image(playerImages[count / 10 % 2], player.x, player.y, 50, 50);
  image(enemyImages[count / 10 % 2], enemy.x, enemy.y, 50, 50);
  for(int i = 0; i < walls.length; i++){
    Wall w = walls[i];
    w.y += w.velocity;
    if(w.y < 0 || w.y + w.size > height){
      w.velocity *= -1;
    }
    fill(255);
    rect(w.x, w.y, 20, w.size);
  }
  // 省略(リスト6-3-18のdraw関数の内容が入る)
}
```

- `w.y += w.velocity;` → 縦に移動するためにy座標にvelocityを足す
- `if(...)` → 画面からはみ出したら動く方向を変更
- `rect(...)` → 壁を表示

繰り返し処理の条件に「i < walls.length」と記述しています。walls.lengthは、配列wallsの要素数を返します。ここでは要素数が3つの配列を生成しているので、この場合は「3」ですね。

今は壁が3個ですが、この先5個にするかもしれないし、1個かもしれないし、壁をなくすかもしれません。配列の要素数を返すlengthを使うと、壁の個数が変わってもプログラムを修正する必要はありません。

注意
ArrayListを使う場合は、size()で中のオブジェクト数を取得できます。

意味は
lengthは、日本語では「長さ」という意味です。

この先修正があるかもしれないことを考えておくのも大切だよ！

図 6-3-18

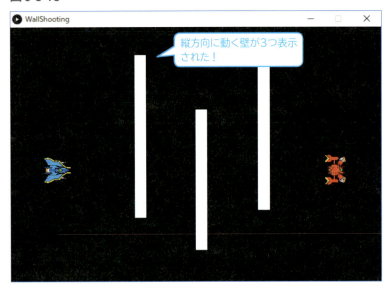

縦方向に動く壁が3つ表示された！

⑯弾丸が壁に跳ね返るようにしよう

「弾丸が壁に当たってしまったら消えてしまう」でもよいですが、弾丸が跳ね返るようにしましょう。跳ね返ってきた自分の弾丸がプレイヤーに当たるリスクが高まり、緊張感が増してゲームらしくなります。

まずは壁との衝突判定をしてみましょう。isHit関数があるので、値を指定するだけですね！

draw関数では繰り返し処理で弾丸が敵と衝突したかを判定し、弾丸を表示していました。そこに入れ子の繰り返し処理を追加し、弾丸が壁に衝突したかを判定します。isHit関数がtrueを返したら、弾丸のvelocityに-1を掛けると方向が逆になり、弾丸の跳ね返りを実現できます。入れ子の繰り返し処理では、処理の回数をカウントする変数としてjを使っていることに注意してください。

参照
繰り返し処理の入れ子については、116ページを見てください。

リスト6-3-22
```
void draw(){
  background(0);
  count += 1;
  player.y += player.velocity;
  image(playerImages[count / 10 % 2], player.x, player.y, 50, 50);
  image(enemyImages[count / 10 % 2], enemy.x, enemy.y, 50, 50);
  for(int i = 0; i < walls.length; i++){
    Wall w = walls[i];
```

```
    w.y += w.velocity;                              ← 縦に移動するためy座標に
    if(w.y < 0 || w.y + w.size > height){             velocityを足す
      w.velocity *= -1;                             ← 画面からはみ出したら動く方向
    }                                                  を変更
    fill(255);
    rect(w.x, w.y, 20, w.size);                     ← 壁を表示
  }
  int bulletCount = bullets.size();
  for(int i = 0; i < bulletCount; i++){             ← 繰り返し処理：弾丸の表示
    Bullet bullet = bullets.get(i);
    bullet.x += bullet.velocity;
    for(int j = 0; j < walls.length; j++){          ← 繰り返し処理：壁との衝突判定
      Wall w = walls[j];
      boolean isWallHit = isHit(w.x, w.y, 20, w.size,   ← 弾丸と壁との衝突判定
                          bullet.x, bullet.y, 10, 10);
      if(isWallHit){                                ← 弾丸が壁に当たったか
        bullet.velocity *= -1;                      ← 当たった場合は跳ね返す
      }
    }
    boolean isHit = isHit(enemy.x, enemy.y, 50, 50,
                          bullet.x, bullet.y, 10, 10);
    fill(255);                                      ← 弾丸と敵との衝突判定
    if(isHit){
      fill(255, 0, 0);                              ← 当たった場合は弾丸を赤に
    }
    ellipse(bullet.x, bullet.y, 10, 10);
  }
}
```

図6-3-19

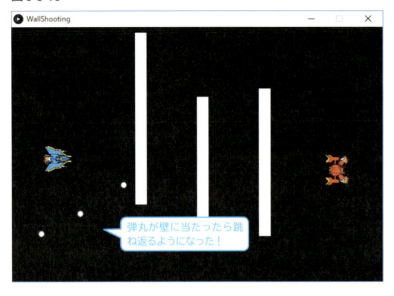

⑰弾丸とプレイヤーが当たるようにしよう

弾丸が敵に衝突したときに赤に変わるように、弾丸がプレイヤーに衝突したら色を変化させましょう。プレイヤーとの衝突時には、弾丸を黄色に変えます。

実際には弾丸がプレイヤーに衝突したらゲームオーバーですが、これはあとで作成します。

draw関数で弾丸を表示する繰り返し処理に、プレイヤーとの衝突判定処理を追加します。

リスト6-3-23

```
void draw(){
  // 省略(リスト6-3-22のdraw関数の内容が入る)
  int bulletCount = bullets.size();
  for(int i = 0; i < bulletCount; i++){   // 繰り返し処理：弾丸の表示
    Bullet bullet = bullets.get(i);
    bullet.x += bullet.velocity;
    for(int j = 0; j < walls.length; j++){   // 繰り返し処理：壁との衝突判定
      Wall w = walls[j];
      boolean isWallHit = isHit(w.x, w.y, 20, w.size,   // 弾丸と壁との衝突判定
                                bullet.x, bullet.y, 10, 10);
      if(isWallHit){   // 弾丸が壁に当たったか
        bullet.velocity *= -1;   // 当たった場合は跳ね返す
```

```
      }
    }
    boolean isPlayerHit = isHit(player.x, player.y, 50, 50,    ← 弾丸とプレイヤーと
                                bullet.x, bullet.y, 10, 10);       の衝突判定
    fill(255);
    if(isPlayerHit){                                    ← 弾丸がプレイヤーに当たったか
      fill(255, 255, 0);                                ← 当たった場合は弾丸を黄色に
    }
    boolean isHit = isHit(enemy.x, enemy.y, 50, 50,     ← 弾丸と敵との衝突判定
                          bullet.x, bullet.y, 10, 10);
    if(isHit){                                          ← 弾丸が敵に当たったか
      fill(255, 0, 0);                                  ← 当たった場合は弾丸を赤に
    }
    ellipse(bullet.x, bullet.y, 10, 10);
  }
}
```

図6-3-20

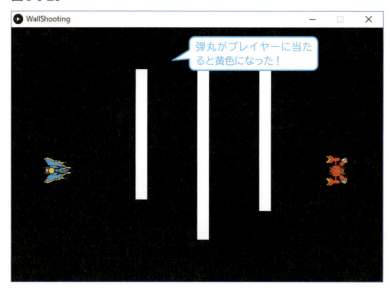

弾丸がプレイヤーに当たると黄色になった！

⑱敵機が動くようにしよう

　だいぶゲームらしくなってきましたね。壁だけでなく、敵も動くようにしてみましょう。
　setup関数で、敵のオブジェクトのvelocityに3を設定します。
　draw関数では、敵機の画像を表示する前に、velocityを足して

縦に動くようにします。敵機のy座標が画面をはみ出したら、「enemy.velocity *= -1」により逆向きにします。これと同じ要領で、プレイヤーが画面からはみ出さないように制御しましょう。

リスト6-3-24

```
void setup(){
  size(600, 400);
  player = new Ship();
  player.x = 50;
  player.y = 200;
  enemy = new Ship();
  enemy.x = 500;
  enemy.y = 200;
  enemy.velocity = 3;                    // 敵のvelocityを設定
  // 省略(リスト6-3-20のsetup関数の内容が入る)
}
void draw(){
  background(0);
  count += 1;
  player.y += player.velocity;
  if(player.y < 0 || player.y + 50 > height){   // 画面からはみ出したら動く方向を変更
    player.velocity *= -1;
  }
  image(playerImages[count / 10 % 2], player.x, player.y, 50, 50);
  enemy.y += enemy.velocity;                    // 縦に移動するためにy座標にvelocityを足す
  if(enemy.y < 0 || enemy.y + 50 > height){     // 画面からはみ出したら動く方向を変更
    enemy.velocity *= -1;
  }
  image(enemyImages[count / 10 % 2], enemy.x, enemy.y, 50, 50);
  // 省略(リスト6-3-23のdraw関数の内容が入る)
}
```

図6-3-21

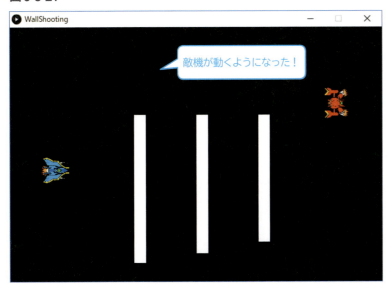

⑲壁にしかけを加えよう

　プレイしてみると、壁が邪魔をしてなかなか敵にまで弾丸がとどきません。そこで壁に、弾丸が衝突すると少しずつ小さくなるようなしかけを加えてみましょう。これにより、真っ先に敵をねらうか、まずは壁を小さくするかといったプレイヤーの選択も生まれ、ゲームらしさが増します。

　draw関数で、弾丸と壁との衝突判定の際に、弾丸が壁に当たった場合に壁のサイズを0.9倍にして小さくします。

リスト6-3-25
```
void draw(){
  // 省略(リスト6-3-24のdraw関数の内容が入る)
  int bulletCount = bullets.size();
  for(int i = 0; i < bulletCount; i++){     ← 繰り返し処理：弾丸の表示
    Bullet bullet = bullets.get(i);
    bullet.x += bullet.velocity;
    for(int j = 0; j < walls.length; j++){  ← 繰り返し処理：壁との衝突判定
      Wall w = walls[j];
      boolean isWallHit = isHit(w.x, w.y, 20, w.size,   ← 弾丸と壁との衝突判定
                                bullet.x, bullet.y, 10, 10);
      if(isWallHit){                        ← 弾丸が壁に当たったか
        w.size *= 0.9;                      ← 壁のサイズを0.9倍にする
```

```
      bullet.velocity *= -1;
    }
  }
  // 省略(リスト6-3-24のdraw関数の内容が入る)
  }
}
```

図6-3-22

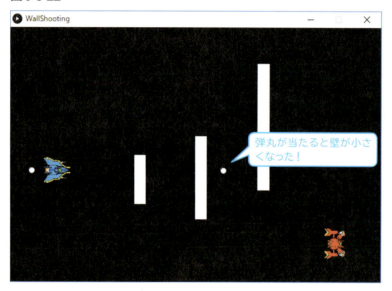

> 弾丸が当たった場合は跳ね返す

> 弾丸が当たると壁が小さくなった！

⑳ゲームクリアとゲームオーバーを作ろう

最後の締めです。ゲームクリアとゲームオーバーを作りましょう。

ゲーム中（0）、ゲームクリア（1）、ゲームオーバー（2）を判定するための変数statusを用意します。弾丸が敵に当たったらゲームクリア（1）、プレイヤーに当たったらゲームオーバー（2）です。

変数statusを宣言し、draw関数を次のように修正します。

> **意味は**
> statusは、日本語では「状態」という意味です。

リスト6-3-26
```
int status = 0;
void draw(){
  background(0);
  count += 1;
  player.y += player.velocity;
  if(player.y < 0 || player.y + 50 > height){
    player.velocity *= -1;
```

> 変数statusを宣言し、0で初期化

```
}
if(status != 2){
  image(playerImages[count / 10 % 2], player.x, player.y, 50, 50);
}
enemy.y += enemy.velocity;
if(enemy.y < 0 || enemy.y + 50 > height){
  enemy.velocity *= -1;
}
if(status != 1){
  image(enemyImages[count / 10 % 2], enemy.x, enemy.y, 50, 50);
}
// 省略(リスト6-3-25のdraw関数の内容が入る)
int bulletCount = bullets.size();
for(int i = 0; i < bulletCount; i++){
  // 省略(リスト6-3-25のdraw関数の内容が入る)
  fill(255);
  boolean isPlayerHit = isHit(player.x, player.y, 50, 50,
                              bullet.x, bullet.y, 10, 10);
  if(isPlayerHit && status == 0){
    status = 2;
  }
  boolean isHit = isHit(enemy.x, enemy.y, 50, 50,
                        bullet.x, bullet.y, 10, 10);
  if(isHit && status == 0){
    status = 1;
  }
  ellipse(bullet.x, bullet.y, 10, 10);
}
if(status == 1){
  fill(0, 100);
  rect(0, 0, width, height);
  fill(255);
  textAlign(CENTER);
  text("GAME CLEAR", width / 2, height / 2);
}
if(status == 2){
  fill(0, 100);
  rect(0, 0, width, height);
```

> 変数statusが2以外の場合にプレイヤーを表示

> 変数statusが1以外の場合に敵を表示

> 繰り返し処理：弾丸の表示

> 弾丸とプレイヤーとの衝突判定

> ゲーム中に弾丸がプレイヤーに当たったか

> 当たった場合は変数statusに2を代入

> 弾丸と敵との衝突判定

> ゲーム中に弾丸が敵に当たったか

> 当たった場合は変数statusに1を代入

> 変数statusが1の場合にGAME CLEARを表示

> 変数statusが2の場合にGAME OVERを表示

```
      fill(255);
      textAlign(CENTER);
      text("GAME OVER", width / 2, height / 2);
    }
}
```

　ゲームオーバー（2）のときはプレイヤー、ゲームクリア（1）のときは敵を表示しないようにします。逆に言うと、プレイヤーは変数statusが2以外のときに、敵は1以外のときに表示します。**リスト6-3-26**では、これを次のような条件で判定しています。

> 参照
> ==演算子については、93ページを見てください。

```
if(status != 2){
```

　!= は、==とは逆に、左側と右側にある変数や値が「等しくない」ことを判定します。これを**不等価演算子**といいます。

　続いて、shot関数を次のように変更して、ゲーム中のときだけ弾丸を発射できるようにします。

リスト6-3-27
```
void shot(){
  if(status == 0){
    Bullet bullet = new Bullet();
    bullet.x = player.x + 50;
    bullet.y = player.y + 25;
    bullet.velocity = 5;
    bullets.add(bullet);
  }
}
```

> 変数statusが0（ゲーム中）の場合にのみ弾丸を発射できる

図6-3-23

> 敵に弾丸が当たったら「GAME CLEAR」、プレイヤーに弾丸が当たったら「GAME OVER」と表示される！

㉑ゲームの演出を強化しよう

シューティングゲームらしさを出すために、宇宙の背景を作ります。Space クラスを定義し、そのオブジェクトを保存する配列を宣言します。setup 関数では、Space クラスのオブジェクトを生成してこの配列に保存します。draw 関数では、配列からオブジェクトを取り出し、星を表す円を描きます。

参照
宇宙を表現するプログラムは、158ページを見てください。

意味は
spaceは、日本語では「宇宙」という意味です。

リスト6-3-28

```
// 省略(リスト6-3-15のクラスの定義、変数の宣言が入る)
class Space{                          ← 星を表すSpaceクラスを定義
  public float x;
  public float y;
  public float speed;
}
Space[] spaces;                       ← Spaceクラスのオブジェクトを
                                        保存する配列spacesを宣言
void setup(){
  spaces = new Space[50];
  for(int i = 0; i < 50; i++){        ← 50個の要素をもつ配列を生成
    Space s = new Space();
    s.x = random(width);              ← Spaceクラスのオブジェクトを
    s.y = random(height);               生成し、x座標、y座標、スピー
    s.speed = random(1, 5);             ドを設定
    spaces[i] = s;                    ← Spaceクラスのオブジェクトを
  }                                     配列の要素に代入
  // 省略(リスト6-3-24のsetup関数の内容が入る)
}
void draw(){
  background(0);
  for(int i = 0; i < 50; i++){
    Space s = spaces[i];
    s.x -= s.speed;
    if(s.x < 0){
      s.x = width;
    }
    fill(255, 255, 255, s.speed / 5 * 255);
    ellipse(s.x, s.y, 3, 3);          ← 星を表す円を描く
  }
```

```
        // 省略(リスト6-3-26のdraw関数の内容が入る)
}
```

図6-3-24

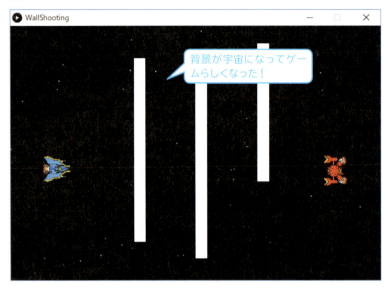

背景に星が流れ、宇宙のような臨場感(りんじょうかん)が表現できましたね!

まとめ

　以上でクラスとオブジェクトの学習は完了です。実際にはクラスやオブジェクトはとても奥深いものであり、ここで学んだことは必要最低限の知識と言ってよいでしょう。もちろん、これだけでもオリジナリティあふれる作品を作ることができます。

　もし、クラスについてうまく理解できなかったとしても気にしないでください。クラスを使わないとよいゲームが作れないわけではありません。クラスを使うと楽に作れるようになるくらいに思っておけばよいでしょう。

　クラスがわからなくても配列を使ってゲームは作れますし、配列がわからなくても変数をたくさん使えば作れます。

　そしてたくさん作品を作って行き詰まったとき、またこの章でクラスを勉強してもらえたらと思います。

もっと複雑なプログラムを作りたくなったら、クラスとオブジェクトについて一歩進んで学習しよう!

第7章 総まとめ ドローンを操作するアクションゲームを作ろう

さあ、最後の仕上げだよ！ 変数、配列、クラスを使ってアクションゲームを作ろう！

ついに本格的なゲームを作っていくんだね！

難(むずか)しくない？ 大丈夫かしら。

最初はよくわからなくても、真似しながら試してもらえれば十分だよ。

このアクションゲームの作り方がわかれば、オリジナルゲームも作れるようになるよ！

ほんと？

ゲームを作ってみんなに遊んでもらいたいな。

それはいいね。きっとできるよ。さあ、始めよう！

7-1 プレイヤーが操作するドローンの画像を表示しよう
7-2 キーを押してドローンを動かしてみよう
7-3 安全ブロック、危険ブロック、ゴールブロックを作ろう
7-4 縦と横に画面をスクロールする「カメラ」を作ろう
7-5 ゲームクリアを作ってゲームを完成させよう

7-1
プレイヤーが操作する
ドローンの画像を表示しよう

これまで学習してきたことを活用して、プレイヤーがドローンを操作してブロックを乗り越えるアクションゲームを作りましょう。まずは、ドローンの画像を表示するところから始めます。

アクションゲームを作ろう

これまで学習してきたことを活用して、アクションゲームを作ります。

プレイヤーがドローンを操作して、ゴールブロックを目指すゲームです。

図7-1-1

参照
本章で解説するプログラムは技術評論社のWebサイトからダウンロードできます。詳しくは12ページを見てください。解説で掲載しているプログラムは一部を省略していますが、省略されていないサンプルを参照できますので、ご覧になりたい方はダウンロードして参照してみてください。

①setup関数とdraw関数を書こう

最初に基本となるsetup関数とdraw関数を作っておきましょう。これまでにもたくさん書いてきたので、本を見なくても書けるように

なったでしょうか。

リスト7-1-1
```
void setup(){
  size(600, 400);
}
void draw(){
  background(255);
}
```

②ドローンの画像を表示しよう

それではドローンを表示していきましょう。ここでは、**drone.png**という画像ファイルを使います。

参照
ここで使用する画像は、技術評論社のWebサイトからダウンロードできます。ダウンロードの方法については、12ページを見てください。

図7-1-2

まず画像ファイルをProcessingエディタ上にドラッグ&ドロップしてください。

画像の表示方法を覚えていますか？ **PImage**型の変数を用意して**loadImage**関数で画像を読み込み、**image**関数で表示します。

参照
画像を読み込んで表示する方法については、72ページを見てください。

リスト7-1-2
```
PImage playerImage;
void setup(){
  size(600, 400);
  playerImage = loadImage("drone.png");
}
void draw(){
  background(255);
```

読み込んだ画像を保存するPImage型の変数を宣言

画像を読み込んで変数に代入

```
    image(playerImage, 300 - 25, 200 - 15, 50, 30);
}
```
画像を画面の中央に表示

　画像のサイズは、横幅が50、縦幅が30です。そのため、image関数には、中央のx座標とy座標から横幅と縦幅の半分（25と15）を引いた値を、表示位置として指定しています。

ポイント
画像を画面の中央に表示したい場合は、画像のサイズの半分を中央の座標から引いた値を位置として指定します。

図7-1-3

ドローンが画面の中央に表示された！

まとめ

　アクションゲームを作るために、ドローンの画像を画面に表示しました。setup関数とdraw関数の書き方と同じく、画像の表示方法も身に付いたのではないでしょうか。
　続いて、クラスとオブジェクトを利用してドローンを動かせるようにします。

画像の表示は何度も行ってきたね。ばっちりだよ！

7-2 キーを押してドローンを動かしてみよう

ドローンには、急激に上昇したりゆっくり下降したりするなど、複雑な動きをさせます。複雑な動きに対応できるようにクラスを作っていきましょう。

③プレイヤーを表すクラスを作ろう

プレイヤーがもつ情報にはどのようなものがあるでしょうか。x座標、y座標はもちろんありそうです。**リスト7-1-2**では、画像ファイル**drone.png**を横幅を50、縦幅を30として表示していますが、将来サイズを変更することがあるかもしれません。そこで、プレイヤーのサイズもクラスに定義しておきます。また、横方向と縦方向の両方に動くため、横方向のvelocityX、縦方向のvelocityYをそれぞれもたせます。

> **注意**
> ここではプレイヤークラスの名前をPlayerとしています。プレイヤーとしてドローンの画像を使用していますが、もしかしたらヘリコプターの画像に変更したくなるかもしれないので、Droneという名前を避けました。

> **意味は**
> velocityは日本語では「速さ」という意味です。

リスト7-2-1

```
class Player{
    public float x;
    public float y;
    public float width;
    public float height;
    public float velocityX;
    public float velocityY;
}
```

- Playerクラスを定義
- プレイヤーのサイズ
- プレイヤーが動く方向と速度

④Playerクラスを使ってドローンを表示しよう

定義したPlayerクラスを使ってもう一度画面の中央にドローンを表示してみましょう！

リスト7-2-2

```
class Player{
  public float x;
  public float y;
  public float width;
  public float height;
  public float velocityX;
  public float velocityY;
}
PImage playerImage;
Player player;
void setup(){
  size(600, 400);
  playerImage = loadImage("drone.png");
  player = new Player();
  player.width = 50;
  player.height = 30;
  player.x = 300 - 25;
  player.y = 200 - 15;
}
void draw(){
  background(255);
  image(playerImage, player.x, player.y, player.width, player.height);
}
```

- Playerクラスを定義
- プレイヤーのサイズ
- プレイヤーが動く方向と速度
- 読み込んだ画像を保存するPImage型の変数を宣言
- Playerクラスのオブジェクトを保存する変数を宣言
- 画像を読み込んで変数に代入
- Playerクラスのオブジェクトを生成して変数に代入
- Playerクラスのオブジェクトに値を設定
- 画像を画面の中央に表示

　リスト7-2-2では、まずPlayerクラスのオブジェクトを保存しておく変数playerを宣言します。
　setup関数の中では、Playerクラスのオブジェクトを生成し、この変数に代入します。続いて、このオブジェクトにサイズと座標を設定します。
　draw関数では、変数playerの値を指定してドローンの画像を表示します。
　リスト7-2-2を実行し、図7-1-2と同じようにドローンの画像が表示されることを確認しましょう。

⑤ドローンが上昇、下降、横に移動するようにしよう

　スペースキーを押している間はドローンが上昇し、スペースキーを放している間はドローンが自動で下降するようにします。

●キーの入力を管理するInputクラスを定義する

　プレイヤーのキーボード操作を管理するInputクラスを作りましょう。プレイヤーは、スペースキー、←キー、→キーを操作するため、それぞれのキーが押されているかどうかをこのクラスで管理します。

> **意味は**
> inputは、日本語では「入力」という意味です。キーボードはパソコンにデータを入力する部品であるため、Inputという名前を付けています。

リスト7-2-3

```
class Input{
    public boolean space;     ← Inputクラスを定義
    public boolean left;      ← スペースキーが押されているか
    public boolean right;     ← ←キーが押されているか
}                             ← →キーが押されているか
```

　Inputクラスを定義したら、オブジェクトを格納する変数を宣言します。
　setup関数でオブジェクトを生成し、この変数に代入します。

リスト7-2-4

```
// 省略(リスト7-2-2のクラスの定義、変数の宣言が入る)
class Input{                  ← Inputクラスを定義
    public boolean space;     ← スペースキーが押されているか
    public boolean left;      ← ←キーが押されているか
    public boolean right;     ← →キーが押されているか
}
Input input;                  ← Inputクラスのオブジェクトを保存する変数を宣言
void setup(){
    // 省略(リスト7-2-2のsetup関数の内容が入る)
    input = new Input();      ← Inputクラスのオブジェクトを生成して変数に代入
}
// 省略(リスト7-2-2のdraw関数が入る)
```

●keyPressed関数とkeyReleased関数を定義する

　キーが押されたことを検知するkeyPressed関数と、キーが放さ

れたことを検知するkeyReleased関数を、**リスト7-2-4**に追加します。

リスト7-2-5

```
void keyPressed(){
  if(key == ' '){
    input.space = true;
  }
  if(keyCode == RIGHT){
    input.right = true;
  }
  if(keyCode == LEFT){
    input.left = true;
  }
}
void keyReleased(){
  if(key == ' '){
    input.space = false;
  }
  if(keyCode == RIGHT){
    input.right = false;
  }
  if(keyCode == LEFT){
    input.left = false;
  }
}
```

> キーが押されたことを検知する関数

> キーが放されたことを検知する関数

　キーボードのキーが押されると、keyPressed関数が呼び出されます。keyPressed関数では、スペースキー、←キー、→キーが押されたかどうかを判定し、押されていた場合には、変数inputに保存されているオブジェクトのフィールドに**true**を設定します。

　キーボードのキーが放されると、keyReleased関数が呼び出されます。keyReleased関数では、スペースキー、←キー、→キーが放されたかどうかを判定し、放された場合には、変数inputに保存されているオブジェクトのフィールドに**false**を設定します。

●スペースキーが押されたらドローンを上昇させる

　では、Inputクラスとそのオブジェクトを使って、ドローンを上昇させてみましょう。**リスト7-2-2**のdraw関数を次のように修正します。

意味は
pressedは日本語では「押された」、releasedは「放された」（「放す」という意味のreleaseの過去形）という意味です。

ポイント
スペースキーはシステム変数key、←キーと→キーはシステム変数keyCodeを使って、押されたか（または放されたか）どうかを判定します。

リスト7-2-6
```
void draw(){
  background(255);
  if(input.space){
    player.velocityY -=0.2;
  }
  player.velocityY += 0.1;
  player.y += player.velocityY;
  image(playerImage, player.x, player.y, player.width, player.height);
}
```

← スペースキーが押されている場合
← 上昇するように縦方向のスピードを減らす
← 何もなければ自動的に下降するようにスピードを足す
← y座標にスピードを足す

　実行すると、ドローンは自動でどんどん下降していきます。逆に、スペースキーをずっと押しているとぐんぐん上昇していきます。

図7-2-1

スペースキーを押していないとドローンがどんどん下降してしまう！

> **注意**
> リスト7-2-6では、上昇時に−0.2、下降時に0.1をスピードに足しています。これはゲームのバランスを考えて調整した数値です。読者の好みに合わせて数値を調整してもかまいません。

　操作してみてどうでしょうか。ドローンのように空を飛んでいるような操作感が得られたと思います。また、なかなか思いどおりに操作できないのも、ゲームをよりおもしろくするしかけです。

● 矢印キーでドローンを左右に移動させる
　さあ、続いて横の移動も作りましょう！
　リスト7-2-6のdraw関数を次のように修正します。

リスト7-2-7

```
void draw(){
  background(255);
  if(input.space){          // スペースキーが押されている場合
    player.velocityY -=0.2;  // 上昇するように縦方向のスピードを減らす
  }
  if(input.left){           // ←キーが押されている場合
    player.velocityX -= 0.1; // 左に移動するように横方向のスピードを減らす
  }
  if(input.right){          // →キーが押されている場合
    player.velocityX += 0.1; // 右に移動するように横方向のスピードを減らす
  }
  player.velocityY += 0.1;  // 何もなければ自動的に下降するようにスピードを足す
  player.y += player.velocityY; // y座標にスピードを足す
  player.x += player.velocityX; // x座標にスピードを足す
  image(playerImage, player.x, player.y, player.width, player.height);
}
```

図7-2-2

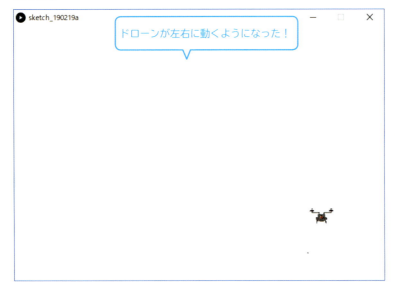

ドローンが左右に動くようになった！

● ドローンが左右に移動するスピードを調整する

　実行するとどうでしょうか。←キーと→キーでドローンが移動します。しかし、一度キーを押すとその方向に移動し続けてしまい、操作感がとても悪いです。

　そこで**リスト7-2-7**のdraw関数を修正し、横の移動には自然と力

が弱まるようなしくみを入れます。velocityXに0.98を掛けて、徐々に移動の速度を弱めます。

リスト7-2-8
```
void draw(){
  background(255);
  if(input.space){
    player.velocityY -=0.2;
  }
  if(input.left){
    player.velocityX -= 0.1;
  }
  if(input.right){
    player.velocityX += 0.1;
  }
  player.velocityY += 0.1;
  player.velocityX *= 0.98;
  player.y += player.velocityY;
  player.x += player.velocityX;
  image(playerImage, player.x, player.y, player.width, player.height);
}
```

- スペースキーが押されている場合
- 上昇するように縦方向のスピードを減らす
- ←キーが押されている場合
- 左に移動するように横方向のスピードを減らす
- →キーが押されている場合
- 右に移動するように横方向のスピードを減らす
- 何もなければ自動的に下降するようにスピードを足す
- 横方向のスピードに0.98を掛けて弱める
- y座標にスピードを足す
- x座標にスピードを足す

実行してみましょう。←キーと→キーを一度押しただけではあまり移動しなくなりました。←キーと→キーを押しっぱなしにするとどんどんスピードが上がります。操作感がよりドローンに近づきましたね！

まとめ

ここでは、ドローンを動かすために、クラスとオブジェクトを利用しました。クラスを定義する、オブジェクトを生成して値を設定する、オブジェクトの値を利用するという流れをしっかりと理解しましょう。

次は、ドローンが着地できる地上ブロックを作ります。

> キーが押されたときに、ドローンの動きを調整するのがポイントね！

7-3

安全ブロック、危険ブロック、ゴールブロックを作ろう

ドローンが飛んでばかりなので、ドローンが着地して休憩(きゅうけい)できる安全ブロック、ぶつかると最初に戻(もど)る危険(きけん)ブロック、ゲームクリアとなるゴールブロックを作りましょう。ここでももちろんクラスを使います。

⑥ブロックを表すクラスを作ろう

　ブロックにはどのような情報があるでしょうか。x座標、y座標、そして縦と横のサイズが必要になりそうです。加えて、int(イント)型の変数 type(タイプ) をもたせます。ブロックには、「安全なブロック」「衝突(しょうとつ)すると危険なブロック」「ゴールとなるブロック」の3つのタイプを用意します。type は、どのタイプのブロックかを管理するためのものです。

> **意味は**
> typeは、日本語では「タイプ」「種類」という意味です。

リスト7-3-1

```
class Block{
    public float x;
    public float y;
    public float width;
    public float height;
    public int type;
}
```

Blockクラスを定義

1は安全ブロック、2は危険ブロック、3はゴールブロック

⑦Blockクラスを使って安全ブロックを表示しよう

　Blockクラスを使って、まずは安全ブロックを1つだけ表示するようにしましょう。
　Blockクラス型の配列blocksを宣言し、setup関数内で配列を生成して代入します。Blockクラスのオブジェクトを生成して配列の1番目の要素に代入し、値を設定します。
　draw関数には、この配列を使ってブロックを表示する繰り返し処

理を追加します。

リスト7-3-2

```
// 省略(リスト7-2-4のクラスの定義、変数の宣言が入る)
class Block{                                    ← Blockクラスを定義
  public float x;
  public float y;
  public float width;
  public float height;
  public int type;                              ← 1は安全ブロック、2は危険ブ
}                                                 ロック、3はゴールブロック
Block[] blocks;                                 ← Blockクラスの配列を宣言
void setup(){
  // 省略(リスト7-2-4のsetup関数の内容が入る)
  blocks = new Block[50];                       ← Blockクラスの配列を生成して
                                                  変数に代入
  blocks[0] = new Block();                      ← Blockクラスのオブジェクトを
  blocks[0].width = 100;                          生成して配列の要素に代入
  blocks[0].height = 30;
  blocks[0].x = 300 - 50;
  blocks[0].y = 300 - 15;
}
void draw(){
  // 省略(リスト7-2-8のdraw関数の内容が入る)
  for(int i = 0; i < blocks.length; i++){      ← ブロックを表示する繰り返し処
    Block b = blocks[i];                          理
    if(b != null){                              ← Blockクラスのオブジェクトが
      fill(0, 255, 0);                            存在する場合に表示
      rect(b.x, b.y, b.width, b.height);
    }
  }
  image(playerImage, player.x, player.y, player.width, player.height);
}
// 省略(リスト7-2-5のkeyPressed関数、keyReleased関数が入る)
```

図7-3-1

⑧衝突を判定するisHit関数を作ろう

安全ブロックが表示されましたが、ドローンはブロックをすり抜けてしまいます。ブロックに衝突したときにはその上で止まってほしいので、衝突を判定する関数を作ります。

第6章で当たり判定を行うisHit関数を作りましたが、今回もisHit関数を作ります。内容は第6章とほぼ同じです。**リスト7-3-2**のプログラムの最後に次のisHit関数を追加します。

> **参照**
> isHit関数については、222ページを見てください。

> **注意**
> isHit関数の引数は、プレイヤーのx座標、y座標、幅、高さ、およびブロックのx座標、y座標、幅、高さです。pはplayer、bはblock、wはwidth、hはheightを示しています。

リスト7-3-3

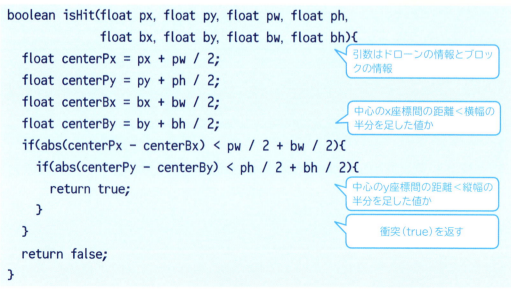

では、isHit関数がきちんと動作するか確認してみましょう。衝突判定を確認するだけなので、ドローンがブロックと衝突したらブロックが赤に変わるように**リスト7-3-2**のdraw関数を修正します。

リスト7-3-4
```
void draw(){
  // 省略(リスト7-3-2のdraw関数の内容が入る)
  for(int i = 0; i < blocks.length; i++){        ← ブロックを表示する繰り返し処理
    Block b = blocks[i];
    if(b != null){                                ← Blockクラスのオブジェクトが存在する場合に表示
      boolean isHit =                             ← ドローンとブロックの衝突判定
          isHit(player.x, player.y, player.width, player.height,
              b.x, b.y, b.width, b.height);
      fill(0, 255, 0);                            ← 衝突していない場合は緑
      if(isHit){
        fill(255, 0, 0);                          ← 衝突した場合は赤
      }
      rect(b.x, b.y, b.width, b.height);
    }
  }
  image(playerImage, player.x, player.y, player.width, player.height);
}
```

　ブロックが存在する、つまりBlockクラスのオブジェクトがnullではない場合に、isHit関数を呼び出して衝突したかどうかを判定します。衝突していない場合はブロックの色を緑に指定しますが、衝突した場合は赤を指定します。

　実行してみましょう。ドローンがブロックと衝突すると、緑色だったブロックが赤色に変化します。ドローンがブロックから離れると緑色に戻ります。

図 7-3-2

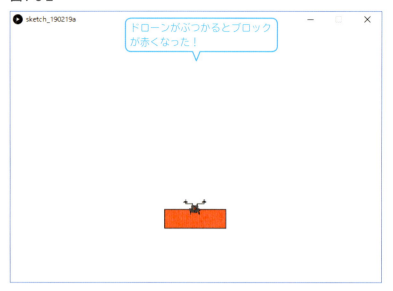

ドローンがぶつかるとブロックが赤くなった！

⑨ドローンがブロックの上に着地するようにしよう

衝突判定が正しく動作することを確認したので、ドローンがブロックの上に着地するようにしましょう！

まず、現在のドローンの位置情報を一度別の変数（prevXとprevY）に保存しておきます。ドローンを動かした結果、ブロックと衝突していたら、保存しておいた座標に戻すという処理を加えます。

意味は

prevは、日本語で「前の」を意味するpreviousの略です。

リスト7-3-5

```
void draw(){
    // 省略(リスト7-3-4のdraw関数の内容が入る)
    player.velocityY += 0.1;
    player.velocityX *= 0.98;
    float prevX = player.x;
    float prevY = player.y;
    player.y += player.velocityY;
    player.x += player.velocityX;
    for(int i = 0; i < blocks.length; i++){
        Block b = blocks[i];
        if(b != null){
```

現在のx座標とy座標を変数に保存

ブロックを表示する繰り返し処理

Blockクラスのオブジェクトが存在する場合に表示

```
      boolean isHit =
          isHit(player.x, player.y, player.width, player.height,
              b.x, b.y, b.width, b.height);
      fill(0, 255, 0);
      if(isHit){
        player.x = prevX;
        player.y = prevY;
        player.velocityX = 0;
        player.velocityY = 0;
      }
      rect(b.x, b.y, b.width, b.height);
    }
  }
  image(playerImage, player.x, player.y, player.width, player.height);
}
```

> ドローンとブロックの衝突判定

> 衝突した場合

> x座標とy座標を保存しておいた値に戻し、スピードを0に設定

　draw関数では、ドローンの現在の座標を次のように変数に保存しています。

```
float prevX = player.x;
float prevY = player.y;
```

　そして、ブロックに衝突していたら、この変数に保存していた座標をドローンの現在位置に設定します。同時にスピードも0にします。

```
if(isHit){
  player.x = prevX;
  player.y = prevY;
  player.velocityX = 0;
  player.velocityY = 0;
}
```

　このように衝突時に保存していた座標に戻す方法では、ドローンがブロックの上にぴったりと着地しません。ブロックにぴったりと着地させるには、ブロックの座標からドローンが着地したときの座標を計算する必要があります。

　しかし、ぴったり着地にこだわるとプログラムが複雑になってしまいます。そこで、今回は簡易版（かんいばん）として、保存していた座標に戻す方法を使っています。簡易版でもゲーム性に影響（えいきょう）はありません。

　実行すると次のような画面になります。ブロックの上にドローンが着地しましたね。

図7-3-3

⑩危険ブロックとゴールブロックを作ろう

　安全ブロック（配列の1番目の要素）ができました。続いて、危険ブロックとゴールブロックを追加しましょう！

　setup関数では、危険ブロック（配列の2番目の要素）とゴールブロック（3番目の要素）のオブジェクトを生成して値を設定します。

　draw関数では、ブロックのタイプごとの処理を追加します。

　安全ブロック（typeが1）は緑色を指定します。ドローンが衝突した場合はブロックに着地するように、保存しておいた座標を現在の座標に設定し、スピードを0に設定します。

　危険ブロック（typeが2）は黄色を指定します。ドローンが衝突した場合はスタート時の場所に戻るように、現在の座標を最初の位置に戻し、スピードを0に設定します。

　ゴールブロック（typeが3）は青色を指定します。ドローンが衝突した場合はブロックに着地するように、保存しておいた座標を現在の座標に設定し、スピードを0に設定します。

リスト7-3-6

```
// 省略(リスト7-3-2のクラスの定義、変数の宣言が入る)
void setup(){
    // 省略(リスト7-3-2のsetup関数の内容が入る)
    blocks = new Block[50];
    blocks[0] = new Block();
```

Blockクラスの配列を生成して変数に代入

安全ブロックのオブジェクトを生成して配列の1番目の要素に代入し、値を設定

```
  blocks[0].width = 100;
  blocks[0].height = 30;
  blocks[0].x = 300 - 50;
  blocks[0].y = 300 - 15;
  blocks[0].type = 1;
  blocks[1] = new Block();          // 危険ブロックのオブジェクトを生成して配列の2番目の要素に代入し、値を設定
  blocks[1].width = 50;
  blocks[1].height = 300;
  blocks[1].x = 400;
  blocks[1].y = 100;
  blocks[1].type = 2;
  blocks[2] = new Block();          // ゴールブロックのオブジェクトを生成して配列の3番目の要素に代入し、値を設定
  blocks[2].width = 100;
  blocks[2].height = 100;
  blocks[2].x = 500;
  blocks[2].y = 300;
  blocks[2].type = 3;
}
void draw(){
  // 省略（リスト7-3-5のdraw関数の内容が入る）
  player.velocityY += 0.1;
  player.velocityX *= 0.98;
  float prevX = player.x;           // 現在のx座標とy座標を変数に保存
  float prevY = player.y;
  player.y += player.velocityY;
  player.x += player.velocityX;
  for (int i = 0; i < blocks.length; i++) {   // ブロックを表示する繰り返し処理
    Block b = blocks[i];
    if (b != null) {
      boolean isHit =               // ドローンとブロックの衝突判定
          isHit(player.x, player.y, player.width, player.height,
              b.x, b.y, b.width, b.height);
      if (b.type == 1) {            // 安全ブロックの場合
        if (isHit) {                // 衝突した場合、x座標とy座標を保存しておいた値に戻し、スピードを0に設定
          player.x = prevX;
          player.y = prevY;
          player.velocityX = 0;
          player.velocityY = 0;
```

```
      }
      fill(0, 255, 0);
    }
    if (b.type == 2) {                    ◁ 危険ブロックの場合
      if (isHit) {                          衝突した場合、ドローンのx座標
        player.x = 300 - 25;                とy座標を最初の値に戻し、ス
        player.y = 200 - 15;                ピードを0に設定
        player.velocityX = 0;
        player.velocityY = 0;
      }
      fill(255, 255, 0);
    }
    if (b.type == 3) {                    ◁ ゴールブロックの場合
      if (isHit) {                          衝突した場合、x座標とy座標を
        player.x = prevX;                   保存しておいた値に戻し、ス
        player.y = prevY;                   ピードを0に設定
        player.velocityX = 0;
        player.velocityY = 0;
      }
      fill(0, 0, 255);
    }
    rect(b.x, b.y, b.width, b.height);
  }
}
image(playerImage, player.x, player.y, player.width, player.height);
}
// 省略(keyPressed関数、keyReleased関数、isHit関数が入る)
```

実行すると次のような画面になります。

図 7-3-4

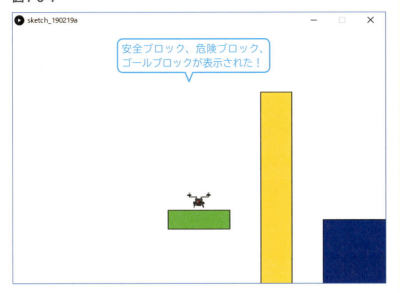

　緑色は安全ブロック、黄色は危険ブロック、青色はゴールブロックです。危険ブロックに衝突すると、スタート時の場所に戻されてしまいます。ゴールブロックに着地した場合はゲームクリアですが、今のところは着地するだけにしておき、ゲームクリアの動きはあとで作ります。

> **まとめ**
>
> 　3種類のブロックを配置するとぐっとゲームっぽくなりました！これでブロックをたくさん配置すれば、遊び応えのあるステージができそうです。
> 　しかし、ブロックをたくさん配置するには少し画面が小さいですね。そこで、縦や横にスクロールできるように、大きなステージを作る工夫をしていきます。

わあ、だいぶゲームらしくなってきた。けど、危険ブロックを増やせばもっとおもしろくなりそうだね！

7-4

縦と横に画面をスクロールする「カメラ」を作ろう

ゲームにはよく「カメラ」という概念が使われます。実際にカメラがあるわけではなく、カメラのように撮影する場所を変化させるという意味合いです。ここではカメラを作ります。

⑪カメラを表すクラスを作ろう

今回はカメラを作って、**縦と横にスクロール**できるようにします。カメラももちろん、クラスを使って作ります。

意味は
cameraは、日本語では「カメラ」という意味です。

リスト7-4-1

```
class Camera{
  public float x;
  public float y;
}
```

カメラを表すCameraクラスを定義

Cameraクラスはとても単純で、x座標とy座標しかもちません。カメラが移動することで、画面に表示される場所を変えていきます。

⑫カメラからの位置を計算して座標に変換する関数を作ろう

Cameraクラス型の変数cameraを宣言し、setup関数の中でCameraクラス型のオブジェクトを生成して代入します。

カメラの位置と、ドローン、ブロックの位置を比較して、実際に画面のどの座標に表示するかを決定します。カメラからの位置を計算して画面上での座標に変換するgetDisplayX関数とgetDisplayY関数を作り、プログラムの最後に追加してください。

draw関数では、ブロックとドローンを表示する際に、これらの関数を呼び出して座標を決定します。

意味は
getは日本語では「得る」、displayは「表示する」「画面」という意味です。

リスト7-4-2

```
// 省略(リスト7-3-6のクラスの定義、変数の宣言が入る)
class Camera{                          ← カメラを表すCameraクラスを
  public float x;                        定義
  public float y;
}
Camera camera;                         ← Cameraクラスのオブジェクト
void setup() {                           を保存する変数を宣言
  // 省略(リスト7-3-6のsetup関数の内容が入る)
  camera = new Camera();               ← Cameraクラスのオブジェクト
  camera.x = player.x - 200;             を生成して変数に代入
  camera.y = player.y - 200;           ← カメラの座標をプレイヤーの座
}                                        標をもとに設定
void draw() {
  // 省略(リスト7-3-6のdraw関数の内容が入る)
  for (int i = 0; i < blocks.length; i++) {
    Block b = blocks[i];
    if (b != null) {
      // 省略(リスト7-3-6のdraw関数の内容が入る)  ← カメラからの位置を計算してブ
      rect(getDisplayX(b.x), getDisplayY(b.y), b.width, b.height);
                                                    ロックの表示位置の座標を指定
    }
  }                                    ← カメラからの位置を計算して画
  image(playerImage, getDisplayX(player.x), getDisplayY(player.y),
                                         像の表示位置の座標を指定
        player.width ,player.height);
  camera.x = player.x - 200;           ← カメラの座標をプレイヤーの座
  camera.y = player.y - 200;             標をもとに設定
}
// 省略(keyPressed関数、keyReleased関数、isHit関数が入る)
float getDisplayX(float x){            ← カメラからの位置を計算してx
  return x - camera.x;                   座標を指定する関数
}
float getDisplayY(float y){            ← カメラからの位置を計算してy
  return y - camera.y;                   座標を指定する関数
}
```

　実行すると次のような画面になります。縦と横にスクロールするようになりました。

図7-4-1

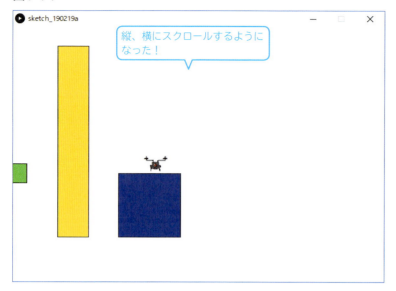

⑬カメラの移動範囲を制御しよう

　カメラを作り、画面がスクロールできるようになりました。しかし、どこまでもスクロールできてしまいます。これでは危険ブロックを大きくよけられるため、簡単なゲームになってしまいます。これを避けるためにカメラの移動範囲を制御しましょう。

　カメラの座標が、移動できる最小値を下回っていたら最小値に、移動できる最大値を上回っていたら最大値に設定すればよさそうです。最小値と最大値の範囲に収まるようにするclamp関数を作り、プログラムの最後に追加します。

　draw関数では、カメラの座標を変更したあとに、この関数を使います。

意味は
clampは、日本語では「固定する」という意味です。

リスト7-4-3

```
// 省略(リスト7-4-2のクラスの定義、変数の宣言、setup関数が入る)
void draw(){
    // 省略(リスト7-4-2のdraw関数の内容が入る)
    camera.x = player.x - 200;
    camera.y = player.y - 200;
    camera.x = clamp(camera.x, 100, 150);
    camera.y = clamp(camera.y, 100, 150);
}
// 省略(keyPressed、keyReleased、isHit、getDisplayX、getDisplayYが入る)
```

- カメラの座標をプレイヤーの座標をもとに設定
- カメラの位置を100、150の範囲内で制御

```
float clamp(float value, float min, float max){    ◁ 座標を最小値、最大値に収まる
  if(value < min){                                    ように制御する関数
    value = min;
  }
  if(value > max){
    value = max;
  }
  return value;
}
```

図7-4-2

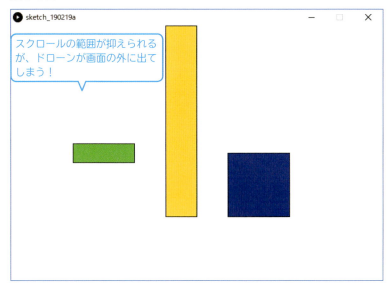

スクロールの範囲が抑えられるが、ドローンが画面の外に出てしまう！

　実行するとスクロールする範囲が絞(しぼ)られました。しかし、ドローンが画面の外に移動してしまいます。

　if文を使い、画面の外に出てしまったら最初の位置に戻しましょう。**リスト7-4-3**のdraw関数を次のように修正します。

リスト7-4-4

```
void draw(){
  // 省略(リスト7-4-2のdraw関数の内容が入る)
  camera.x = player.x - 200;
  camera.y = player.y - 200;                          ◁ カメラの座標をプレイヤーの座
                                                       標をもとに設定
  camera.x = clamp(camera.x, 100, 150);
  camera.y = clamp(camera.y, 100, 150);               ◁ カメラの位置を100、150の範
                                                       囲内で制御
  float dispX = getDisplayX(player.x);                ◁ 画面上のドローンの座標を取得
```

```
    float dispY = getDisplayY(player.y);
    if(dispX < 0 - player.width || dispX > width){    ◁ ドローンのx座標が画面の範囲内か
      player.x = 300 - 25;
      player.y = 200 - 15;
      player.velocityX = 0;
      player.velocityY = 0;
    }
    if(dispY < 0 - player.height || dispY > height){
      player.x = 300 - 25;                              ◁ ドローンのy座標が画面の範囲内か
      player.y = 200 - 15;
      player.velocityX = 0;
      player.velocityY = 0;
    }
  }
```

　ドローンが画面から消えてしまうと強制的に最初の位置に戻されるようになりました。

　ドローンを最初の位置に戻す処理が増えてきましたね。同じような処理は関数にまとめておくのがオススメです。initPlayer関数を作って、最初の位置に戻す処理をまとめましょう。

　プログラムの一番下に新しい関数を追加します。draw関数の中では、危険ブロックに衝突したとき、画面の外に出てしまったときにこの関数を呼び出します。

注意
initはinitializeの略で「初期状態にする」といった意味があります。

リスト7-4-5
```
// 省略(リスト7-4-2のクラスの定義、変数の宣言、setup関数が入る)
void draw(){
  // 省略(リスト7-3-6のdraw関数の内容が入る)
  for (int i = 0; i < blocks.length; i++) {
    Block b = blocks[i];
    if (b != null) {
      // 省略(リスト7-3-6のdraw関数の内容が入る)
      if (b.type == 2) {              ◁ 危険ブロックか
        if (isHit) {
          initPlayer();                ◁ 衝突した場合、関数を呼び出す
        }
        fill(255, 255, 0);
      }
```

```
      // 省略(リスト7-3-6のdraw関数の内容が入る)
    }
    image(playerImage, getDisplayX(player.x), getDisplayY(player.y),
          player.width, player.height);
    // 省略(リスト7-4-4のdraw関数の内容が入る)
    if(dispX < 0 - player.width || dispX > width){    // ドローンのx座標が画面の範囲内か
      initPlayer();                                    // 関数を呼び出す
    }
    if(dispY < 0 - player.height || dispY > height){  // ドローンのy座標が画面の範囲内か
      initPlayer();                                    // 関数を呼び出す
    }
  }
  // 省略(keyPressed、keyReleased、isHit、getDisplayX、getDisplayY、clamp)
  void initPlayer(){          // ドローンを最初の位置に戻す関数
    player.x = 300 - 25;
    player.y = 200 - 15;
    player.velocityX = 0;
    player.velocityY = 0;
  }
```

まとめ

　カメラを表すクラスを作り、画面を縦と横にスクロールできるようにしました。ゲームならではのテクニックなので、覚えておきましょう。

　次はゲームクリアを作り、ゲームを仕上げていきます。完成までもう少しです。

完成までもう少しね。
がんばろう！

7-5

ゲームクリアを作ってゲームを完成させよう

ゲームの完成までもう少し！ ゲームクリアを作り、ゲームを仕上げていきましょう。

⑭ゲームクリアを作ろう

ゲームのしくみとしてはかなりできあがってきましたね！ そろそろゲームクリアの演出を入れましょう。

最初に、ゲームクリアをしているかを管理するフラグとして変数 isClear を宣言します。ゴールブロックにおける衝突判定時に変数 isClear を true に変更し、isClear が true のときには、「GAME CLEAR」を表示しましょう。

リスト7-5-1

```
// 省略(リスト7-4-2のクラスの定義、変数の宣言、setup関数が入る)
boolean isClear = false;
void draw(){
  // 省略(リスト7-3-6のdraw関数の内容が入る)
  for (int i = 0; i < blocks.length; i++) {
    Block b = blocks[i];
    if (b != null) {
      // 省略(リスト7-4-5のdraw関数の内容が入る)
      if (b.type == 3) {
        if (isHit) {
          player.x = prevX;
          player.y = prevY;
          player.velocityX = 0;
          player.velocityY = 0;
          if(player.y < b.y){
            isClear = true;
          }
```

- ゴールしたかを示すフラグを宣言し、falseで初期化
- ゴールブロックか
- ゴールブロックに衝突し、ドローンがブロックより上にある場合
- フラグにtrueを設定

```
      }
      fill(0, 0, 255);
    }
    rect(getDisplayX(b.x), getDisplayY(b.y), b.width, b.height);
  }
}
// 省略(リスト7-4-5のdraw関数の内容が入る)
if(isClear){                          ← フラグがtrueか
  fill(0, 0, 0, 100);
  rect(0, 0, width, height);          ← 四角形を表示して背景を暗くする
  fill(255);
  textAlign(CENTER);
  text("GAME CLEAR", width / 2, height / 2);   ← 白色でGAME CLEARを表示
}
}
// 省略(これまで定義した関数が入る)
```

　プログラムを実行し、ドローンをゴールブロックまで操作しましょう。ゴールに到着すると「GAME CLEAR」が表示されます。

図7-5-1

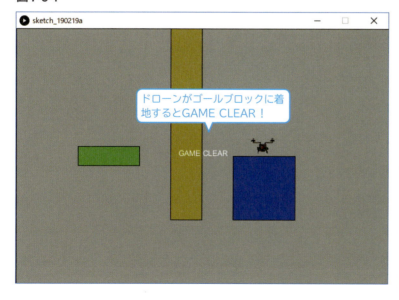

⑮自分だけのオリジナルステージを作ろう

　さあ、ゲームのしくみは完成しました！ 次はオリジナルのステージ

を作りましょう！

　ここでは参考として筆者のステージの作り方を紹介します。オリジナルステージのヒントになればうれしいです！

　setup関数で危険ブロックを追加します。また、draw関数では、カメラの範囲を広くします。

リスト7-5-2

```
// 省略(リスト7-4-2のクラスの定義、変数の宣言が入る)
void setup() {
  // 省略(リスト7-4-2のsetup関数の内容が入る)     ← Blockクラスの配列を生成して変数に代入
  blocks[0] = new Block();
  blocks[0].width = 100;                          ← 安全ブロックのオブジェクトを
  blocks[0].height = 30;                            生成して配列の1番目の要素に
  blocks[0].x = 300 - 50;                           代入し、値を設定
  blocks[0].y = 300 - 15;
  blocks[0].type = 1;
  blocks[1] = new Block();                        ← ゴールブロックのオブジェクト
  blocks[1].width = 100;                            を生成して配列の2番目の要素
  blocks[1].height = 30;                            に代入し、値を設定
  blocks[1].x = 200;
  blocks[1].y = 100;
  blocks[1].type = 3;
  blocks[2] = new Block();                        ← 危険ブロックのオブジェクトを
  blocks[2].width = 500;                            生成して配列の3番目の要素に
  blocks[2].height = 20;                            代入し、値を設定
  blocks[2].x = 100;
  blocks[2].y = 150;
  blocks[2].type = 2;
  blocks[3] = new Block();                        ← 危険ブロックのオブジェクトを
  blocks[3].width = 20;                             生成して配列の4番目の要素に
  blocks[3].height = 600;                           代入し、値を設定
  blocks[3].x = 350;
  blocks[3].y = -200;
  blocks[3].type = 2;
  blocks[4] = new Block();                        ← 危険ブロックのオブジェクトを
  blocks[4].width = 300;                            生成して配列の5番目の要素に
  blocks[4].height = 20;                            代入し、値を設定
  blocks[4].x = 350;
```

```
blocks[4].y = 400;
blocks[4].type = 2;
blocks[5] = new Block();
blocks[5].width = 300;
blocks[5].height = 20;
blocks[5].x = 500;
blocks[5].y = 300;
blocks[5].type = 2;
blocks[6] = new Block();
blocks[6].width = 20;
blocks[6].height = 50;
blocks[6].x = 500;
blocks[6].y = 250;
blocks[6].type = 2;
blocks[7] = new Block();
blocks[7].width = 100;
blocks[7].height = 20;
blocks[7].x = 700;
blocks[7].y = 150;
blocks[7].type = 2;
blocks[8] = new Block();
blocks[8].width = 20;
blocks[8].height = 350;
blocks[8].x = 700;
blocks[8].y = -200;
blocks[8].type = 2;
blocks[9] = new Block();
blocks[9].width = 20;
blocks[9].height = 350;
blocks[9].x = 580;
blocks[9].y = -200;
blocks[9].type = 2;
blocks[10] = new Block();
blocks[10].width = 20;
blocks[10].height = 350;
blocks[10].x = 450;
blocks[10].y = -300;
blocks[10].type = 2;
```

危険ブロックのオブジェクトを生成して配列の6番目の要素に代入し、値を設定

危険ブロックのオブジェクトを生成して配列の7番目の要素に代入し、値を設定

危険ブロックのオブジェクトを生成して配列の8番目の要素に代入し、値を設定

危険ブロックのオブジェクトを生成して配列の9番目の要素に代入し、値を設定

危険ブロックのオブジェクトを生成して配列の10番目の要素に代入し、値を設定

危険ブロックのオブジェクトを生成して配列の11番目の要素に代入し、値を設定

```
    camera = new Camera();
    camera.x = player.x - 200;
    camera.y = player.y - 200;
}
void draw() {
    // 省略(リスト7-5-1のdraw関数の内容が入る)
    camera.x = player.x - 200;          ← カメラの座標をプレイヤーの座
    camera.y = player.y - 200;            標をもとに設定
    camera.x = clamp(camera.x, 200, 150);  ← カメラの横位置を200、150の
    camera.y = clamp(camera.y, -250, 100); 　範囲内で制御
    // 省略(リスト7-5-1のdraw関数の内容が入る) ← カメラの縦位置を-250、100
}                                              の範囲内で制御
// 省略(これまで定義した関数が入る)
```

図7-5-2

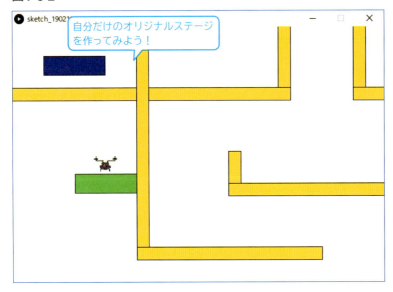

⑯見た目を整えて完成させよう

さあ、自分だけのステージを作れましたか。

最後の仕上げとして画面の見た目を整えていきましょう。

まずは、背景を表示します。ドローンなので空をイメージした画像を用意しました。ファイル名は、**cloud.png**です。

参照
ここで使用する画像は、技術評論社のWebサイトからダウンロードできます。ダウンロードの方法については、12ページを見てください。

リスト7-5-3
```
    // 省略(リスト7-4-2のクラスの定義、変数の宣言が入る)
```

```
PImage haikei;                              ← 背景の画像を保存するPImage
void setup() {                                型の変数を宣言
  // 省略(リスト7-5-2のsetup関数の内容が入る)
  haikei = loadImage("cloud.png");          ← 背景の画像を読み込み、変数に
  noStroke();                                 代入
}
void draw() {
  background(255);
  image(haikei, 0, 0, width, height);       ← 背景の画像を表示
  // 省略(リスト7-5-2のdraw関数の内容が入る)
}
// 省略(これまで定義した関数が入る)
```

画像ファイルを保存するPImage型の変数haikeiを宣言し、setup関数の中で画像を読み込みます。

draw関数の中でimage関数により背景の画像を表示します。このとき、「draw関数の最初のほうで背景の画像を表示する」ことに注意してください。背景の画像、ブロック、ドローンの順に表示されるように、最初に表示します。

ポイント

リスト7-5-3では、noStroke関数を呼び出して、ブロックの枠線を非表示にしています。枠線を表示するかどうかは好みですが、枠線を非表示にするだけで雰囲気が変わることがわかったと思います。

図7-5-3

背景があるとよりゲームっぽくなりますね！

まとめ

　本章では総まとめとして、アクションゲームを作成しました。この本で学んだことを使えば、このようなアクションゲームを作れることがわかってもらえたと思います。

　ただし、「アクションゲームはこのように作らなければならない」というルールはありません。この本のとおりに作る必要はありません。アイデアや発想次第で作り方は変わってきます。

　最初は小さな作品でかまいません。自分のオリジナル作品をできるだけたくさん作ってみてください。たくさんの失敗から学んでこそ成功があります。早く成功にたどり着くには早く失敗すればいいのです。

　さあ、今日から自分だけの作品作りを始めてみましょう！

ゲームは完成したかな？
ここまでくれば、Processingのプログラミング力が身に付いているはずだ。
いろいろなプログラムを作って、さらにプログラミング力を磨こう！
「習うより慣れろ！」が合言葉だ。

おわりに

 Processingの学習はどうだったかな？

 楽しかった！ Processingっていろいろなことができるんだね。

 ゲームが作れたのがすごくうれしかった！ でも、クラスはまだよくわからないかも……。

 だいじょうぶ。今はわからなくても、プログラミングを続けるうちにわかるようになるよ！

 次は敵（てき）がもっといっぱい出てくるシューティングゲームが作りたいな。

 アニメーションを使ったRPGなんかもいいわね。

 その「何かを作りたい」という気持ちが何より大切なんだ。さあ、これからもチャレンジを続けよう！

本書では、図形を描いたり、アニメーションを作ったりしながら、Processingを使ってプログラミングを学んできました。変数、条件分岐、繰り返し処理などの基本から、配列、クラスやオブジェクトまで、幅広い内容にとまどった人がいるかもしれません。しかし、心配はいりません。今はまだわからなくても、本書を参考にプログラムを作ってみましょう。「習うより慣れろ！」です。何度も繰り返すうちに、プログラミングスキルがだんだん身に付いていきます。

　プログラミングを続けること以上に、「何かを作りたい」と思うことが大切です。何をやりたいかを考えると、いろいろなアイデアがあふれてきます。そのアイデアをProcessingで形にしていきましょう。

　本書は、プログラミングという世界の最初のとびらを開いたにすぎません。プログラミングの世界を進んでいくと、いろいろな困難にぶつかることもあります。そんなときには、本書に戻ってきてプログラミングを学び始めたころを振り返ってみましょう。本書がプログラミングを学ぶみなさんの力になることを祈っています。

付録：関数一覧

付録として、本書で使用した関数を用途別にまとめます。プログラミングを行う際に活用してください。

画面

background 関数

書式

background(数値);
background(赤, 緑, 青);
background(カラーコード);

役割

画面の背景を指定した色にする。

引数

数値：0 ～ 255 の数値（0 は黒、255 は白）
赤：赤の要素を示す 0 ～ 255 の数値
緑：緑の要素を示す 0 ～ 255 の数値
青：青の要素を示す 0 ～ 255 の数値
カラーコード：#000000 ～ #FFFFFF

size 関数

書式

size(横幅, 縦幅);

役割

画面のサイズを指定する。

引数

横幅：画面の横幅
縦幅：画面の縦幅

図形

color 関数

書式

color(赤, 緑, 青);

役割

赤、緑、青から色を示す color 型の値を返す。

戻り値

color 型

引数

赤：赤の要素を示す 0 ～ 255 の数値
緑：緑の要素を示す 0 ～ 255 の数値
青：青の要素を示す 0 ～ 255 の数値

ellipse 関数

書式

ellipse(x, y, 横直径, 縦直径);

役割

指定した座標を中心として、横直径、縦直径の円を描く。

引数

x：円の中心の x 座標
y：円の中心の y 座標
横直径：円の横の直径
縦直径：円の縦の直径

fill 関数

書式

fill(数値);
fill(赤, 緑, 青);
fill(カラーコード);
fill(赤, 緑, 青, アルファチャンネル);

役割

図形を指定した色にする。

引数

数値：0 ～ 255 の数値（0 は黒、255 は白）
赤：赤の要素を示す 0 ～ 255 の数値
緑：緑の要素を示す 0 ～ 255 の数値
青：青の要素を示す 0 ～ 255 の数値
カラーコード：#000000 ～ #FFFFFF
アルファチャンネル：0 ～ 255 の数値

line関数

書式

line(始点x, 始点y, 終点x, 終点y);

役割

　始点から終点までをつなぐ線を描く。

引数

　始点x：始点のx座標
　始点y：始点のy座標
　終点x：終点のx座標
　終点y：終点のy座標

noStroke関数

書式

noStroke();

役割

　図形の枠線を表示しない。

rect関数

書式

rect(x, y, 横幅、縦幅);

役割

　指定した座標から指定した横幅、縦幅の四角形を描く。

引数

　x：四角形の左上角のx座標
　y：四角形の左上角のy座標
　横幅：四角形の横幅
　縦幅：四角形の縦幅

rectMode関数

書式

rectMode(モード);

役割

　rectで描く四角形の基点を変更する。

引数

　モード：CENTER（中央）、CORNER（左上角）など

triangle関数

書式

triangle(x1, y1, x2, y2, x3, y3);

役割

　指定した3つの座標を結ぶ三角形を描く。

引数

　x1：三角形の角Aのx座標
　y1：三角形の角Aのy座標
　x2：三角形の角Bのx座標
　y2：三角形の角Bのy座標
　x3：三角形の角Cのx座標
　y3：三角形の角Cのy座標

画像の表示

image関数

書式

image(画像, x座標, y座標);

役割

　指定した座標に画像を表示する。

引数

　画像：表示する画像
　x座標：画像を表示する位置のx座標
　y座標：画像を表示する位置のy座標

loadImage関数

書式

loadImage(ファイル名);

役割

　指定したファイル名から画像を取得する。

引数

　ファイル名：画像のファイル名

文字の表示

text関数

書式

text(文字列, 横位置, 縦位置);

役割

画面の指定した位置に文字列を表示する。

引数

文字列：表示する文字列

横位置：表示したい横位置の座標

縦位置：表示したい縦位置の座標

textAlign関数

書式

textAlign(位置);

役割

表示する文字列を揃える位置を指定する。

引数

位置：CENTER（中央揃え）、LEFT（左揃え）、RIGHT（右揃え）

textSize関数

書式

textSize(整数);

役割

画面に表示する文字列のサイズを指定する。

引数

整数：画面に表示する文字列のサイズ

その他

abs関数

書式

abs(整数または小数);

役割

引数で指定した値の絶対値を返す。

戻り値

int型またはfloat型

引数

整数または小数：絶対値を求めたい値

dist関数

書式

dist(x1, y1, x2, y2)

役割

座標1と座標2の間の距離を返す。

戻り値

float型

引数

x1：座標1のx座標

y1：座標1のy座標

x2：座標2のx座標

y2：座標2のy座標

println関数

書式

println(a, b, c, ……);

役割

引数で指定した値をコンソール領域に表示し、改行する。

引数

a、b、c：コンソールに表示する文字列（"で囲む）、値、変数（,（半角カンマ）で区切って複数指定可能）

random関数

書式

random(最大値);

random(最小値, 最大値);

役割

0以上最大値未満または最小値以上最大値未満の範囲で乱数を生成して返す。

戻り値

float型

引数

最小値：生成する乱数の範囲の最小値

最大値：生成する乱数の範囲の最大値

索　引

記号

!= （不等価演算子）	236
&&、|| （論理演算子）	113
+、-、*、/、% （算術演算子）	69
+=、-=、*=、/=、%= （複合代入演算子）	70
= （代入演算子）	64
== （等価演算子）	93
>=、>、<=、< （比較演算子）	95

英字

abs関数	222
addメソッド	219
ArrayList	217
background関数	42, 66
boolean型	64, 93, 221, 222
break	169
class	188
color型	146
color関数	147
dist関数	172
DOWN	101
draw関数	54
ellipse関数	29
else文	132
false	93, 221
fill関数	33, 35, 38, 40, 132
float型	64
for文	115
getメソッド	219
height	67
if文	92, 131
image関数	73, 205, 241
int型	64
key	214
keyCode	100, 200
keyPressed関数	199, 246
keyReleased関数	246
LEFT	101
length	227
line関数	24
loadImage関数	73, 205, 241
mousePressed関数	80, 168
mouseX	67, 74, 164
mouseY	67, 74, 164
new	148, 192
noStrike関数	123
null	215
PImage型	72, 211, 241
println関数	69
public	188
random関数	78, 135, 170
rect関数	27
rectMode関数	123
return	119
RIGHT	101
setup関数	54
size関数	18
sizeメソッド	219
String型	64
text関数	20
textAlign関数	139
textSize関数	139
triangle関数	31
true	93, 221
UP	101
width	67

あ行

当たり判定	111, 171, 220
アニメーション	106, 206
アルファチャンネル	131
色	33

インクリメント演算子 …………………… 116
円 …………………………………………… 27
オブジェクト ……………………………… 186
オブジェクトの生成 ……………………… 188

か行

画像 ………………………………………… 71
型 …………………………………………… 64
カメラ ……………………………………… 260
画面のサイズ ……………………………… 17
カラーコード ……………………………… 39
関数 ………………………………………… 52
関数の定義 ………………………… 54, 118
キーコード ………………………………… 100
キーボード ………………………………… 100
クラス ……………………………………… 187
クラスの定義 ……………………… 187, 191
クラスの配列 ……………………………… 195
繰り返し処理 ……………………………… 114
繰り返し処理の入れ子 …………………… 116
グローバル変数 …………………………… 83
コンソール領域 …………………………… 81

さ行

座標 ………………………………… 19, 61
三角形 ……………………………………… 30
算術演算子 ………………………………… 68
四角形 ……………………………………… 25
システム定数 ……………………………… 101
システム変数 ……………………… 67, 164, 214
シューティングゲーム …………………… 197
条件分岐 …………………………………… 92
初期値 ……………………………………… 64
スクロール ………………………………… 260
絶対値 ……………………………………… 221
線 …………………………………………… 23
添字 ………………………………… 147, 150

た行

代入演算子 ………………………………… 64
デクリメント演算子 ……………………… 116
等価演算子 ………………………………… 93
透明度 ……………………………………… 132

は行

背景 ………………………………………… 40
配列 ………………………………………… 144
配列の宣言 ………………………… 145, 148
配列の添字 ………………………… 147, 150
比較演算子 ………………………………… 95
光の三原則 ………………………………… 35
引数リスト ………………………………… 119
フィールド ………………………… 189, 193
複合代入演算子 …………………………… 70
不等価演算子 ……………………………… 236
フラグ ……………………………………… 168
変数 ………………………………… 59, 98
変数のスコープ …………………………… 82
変数の宣言 ………………………………… 63

ま行

マウス ……………………………………… 53
間違い探しゲーム ………………………… 121
メソッド …………………………………… 189
文字列 ……………………………………… 20
戻り値 ……………………………………… 119

や行

要素 ………………………………………… 146
要素数 ……………………………………… 227

ら行

乱数 ………………………………………… 75
ローカル変数 ……………………………… 83
論理演算子 ………………………………… 113

プロフィール

○**小学生・中学生・高校生向けプログラミングスクール TENTO**
2011年に竹林暁と草野真一によって創始された、日本の子ども向けプログラミングスクールの草分けのひとつ。関東を中心として各地でのべ約5万人の子どもが受講してきた。当初から、プログラミングのスキルだけでなくプログラミングに必要なマインドセットを子どもたちに獲得してもらうことを重視している。自由な寺子屋方式で、子どもたちが自分で学習内容を選ぶことが特徴。
https://www.tento-net.com/

● [監修] 竹林 暁
プログラミングスクールTENTOの共同創立者・代表。長野県木曽郡出身。東京大学大学院総合文化研究科言語情報科学専攻にて認知言語学を学ぶ。TENTOでは、創業以来現在に至るまで講師として現場に立ち、子どもたちのプログラミング学習をサポートしている。また近年は一般社団法人GPリーグの競技委員長として、全国規模のプログラミングバトルイベントにも力を入れている。教育者として、プログラマーとして、また認知研究者としてプログラミング教育の未来を常に考えている。著書に『できるキッズ 子どもと学ぶScratchプログラミング入門』（インプレス）などがある。

● うえはら
学生時代にWebサービスの開発を通してプログラミングを習得。卒業後、インターネットプロバイダへ就職し、ソーシャルゲームのプランナーとプログラマーを経験。2016年よりTENTOの講師として、主にProcessingを教えている。プログラミング能力だけでなく企画能力も重要視しており、生徒のゲーム開発を企画の段階からサポートしている。

■ **本書サポートページ**
https://gihyo.jp/book/2019/978-4-297-10579-2/support
本書記載の情報の修正／修正／補足については、当該Webページで行います。

■ **お問い合わせについて**
本書に関するご質問は記載内容についてのみとさせていただきます。本書の内容以外のご質問には一切応じられませんので、あらかじめご了承ください。なお、お電話でのご質問は受け付けておりませんので、書面またはFAX、弊社Webサイトのお問い合わせフォームをご利用ください。

〒162-0846 東京都新宿区市谷左内町 21-13
株式会社技術評論社
『初心者でも「コード」が書ける！ゲーム作りで学ぶ　はじめてのプログラミング』係
FAX 03-3513-6173
URL https://gihyo.jp

ご質問の際に記載いただいた個人情報は回答以外の目的に使用することはありません。使用後は速やかに個人情報を廃棄します。

装丁デザイン	ナカミツデザイン
本文デザイン・DTP	朝日メディアインターナショナル株式会社
カバー・本文イラスト	オオノマサフミ
編集	坂井 直美
担当	細谷 謙吾

初心者でも「コード」が書ける！
ゲーム作りで学ぶ　はじめてのプログラミング

2019年5月11日　初版　第1刷　発行
2025年1月23日　初版　第3刷　発行

著　者	うえはら	
監　修	竹林　暁	
発行者	片岡　巌	
発行所	株式会社技術評論社	
	東京都新宿区市谷左内町 21-13	
	電話 03-3513-6150	販売促進部
	03-3513-6177	第5編集部
印刷／製本	株式会社 加藤文明社	

定価はカバーに表示してあります。

本書の一部または全部を著作権法の定める範囲を超え、無断で複写、複製、転載、あるいはファイルに落とすことを禁じます。

本書に記載の商品名などは、一般に各メーカーの登録商標または商標です。

©2019 うえはら、竹林 暁

造本には細心の注意を払っておりますが、万一、乱丁（ページの乱れ）や落丁（ページの抜け）がございましたら、小社販売促進部までお送りください。送料小社負担にてお取り替えいたします。

ISBN978-4-297-10579-2 C3055
Printed in Japan